Sheriffdeen Ade

Elementos da mentoria do agronegócio

Sheriffdeen Ade

Elementos da mentoria do agronegócio

ScienciaScripts

Imprint

Cover image: www.ingimage.com

This book is a translation from the original published under ISBN 978-3-659-89307-0.

Publisher:
Sciencia Scripts
is a trademark of
Dodo Books Indian Ocean Ltd. and OmniScriptum S.R.L publishing group

120 High Road, East Finchley, London, N2 9ED, United Kingdom
Str. Armeneasca 28/1, office 1, Chisinau MD-2012, Republic of Moldova, Europe
Printed at: see last page
ISBN: 978-620-8-36393-2

Índice

Prefácio

O crescimento e o sucesso dos agronegócios em todo o mundo foram impulsionados não só pela inovação, trabalho árduo ou investimento de capital, mas também pela orientação - a prática intemporal de partilhar conhecimentos e orientar os outros ao longo do seu percurso empresarial. Como mentor, é-lhe confiado mais do que apenas transmitir competências; está a moldar o futuro dos empresários agrícolas, influenciando a forma como pensam, planeiam e executam as suas visões. Este livro, dedicado ao Agribusiness Mentorship Scheme, procura dar a conhecer o papel fundamental que o mentor desempenha na transformação de indivíduos em empresários agrícolas de sucesso.

Ao longo de anos de experiência a liderar iniciativas de mentoria, tenho visto em primeira mão o impacto que estas podem ter - não só nos mentorados, mas também nos mentores. Cria um efeito de cascata, em que os empresários agrícolas capacitados passam a influenciar outros, a elevar as suas comunidades e a contribuir para o avanço do sector agrícola. O Agribusiness Mentorship Scheme tem sido uma força transformadora, ligando profissionais experientes a talentos emergentes e ajudando a transformar sonhos em realidade.

Este livro é ao mesmo tempo um tributo e um guia prático para aproveitar o poder da orientação no agronegócio. Quer seja um mentor experiente, um aspirante a mentorando ou alguém interessado em compreender a dinâmica da mentoria no espaço agrícola, encontrará aqui conhecimentos inestimáveis. Os conhecimentos partilhados neste livro não se baseiam apenas em perspectivas teóricas, mas também em histórias reais de pessoas cujas vidas foram alteradas através da orientação.

Ao embarcarem nesta viagem através das páginas deste livro, espero que se sintam inspirados a orientar, a procurar orientação ou a criar ambientes onde a orientação possa prosperar. Juntos, podemos criar uma nova geração de líderes do agronegócio que sejam inovadores, resilientes e empenhados em criar um futuro agrícola próspero e sustentável.

Yinusa Sheriffdeen Ade,

Fundador, Milkaz Agribusiness Mentorship Scheme
4 de outubro de 2024

Capítulo 1: Introdução à tutoria no sector agroindustrial

"A tecnologia digital está a transformar a face da agricultura na Nigéria. Devemos aproveitá-la para construir um sector agrícola mais inteligente e mais produtivo."
Dr. Akin Alabi *(Fundador, Corporate Farmers International)*

1.1 As minhas dificuldades na criação de peixes-gato sem orientação

Em 2020, consegui finalmente um financiamento de uma instituição financeira reconhecida para expandir o meu negócio de criação de peixe-gato. Parecia um sonho tornado realidade, uma oportunidade de levar a minha operação de pequena escala a novos patamares. Os fundos permitiram-me comprar melhor equipamento, expandir o meu tanque e aumentar o número de peixes-gato que podia cultivar. No entanto, com o passar dos meses, apercebi-me de que, apesar do impulso financeiro, havia áreas críticas em que me faltavam os conhecimentos e a orientação necessários - especificamente em gestão financeira, clima e padrões meteorológicos e seguros.

No início, tudo parecia estar a correr bem. O peixe-gato estava a crescer rapidamente e eu sentia-me confiante de que esta expansão iria em breve gerar lucros significativos. No entanto, rapidamente me deparei com desafios que não tinha previsto - desafios que uma orientação adequada poderia ter-me ajudado a ultrapassar.

Com o financiamento em mãos, fiz vários investimentos em equipamento, rações e mão de obra. Mas rapidamente me apercebi que gerir as finanças de uma operação de grande escala era muito mais complexo do que eu tinha previsto. Não tinha um plano financeiro claro, nem sabia como fazer um orçamento para despesas imprevistas. Sem orientação em matéria de gestão financeira, dei por mim a gastar demasiado em algumas áreas e a negligenciar outras.

Em breve, o fluxo de caixa tornou-se um problema. Eu tinha subestimado os custos de manutenção dos lagos maiores e as despesas de alimentação do stock crescente começaram a corroer os meus lucros. Quando me apercebi de que precisava de ajustar as minhas despesas, já era demasiado tarde. Estava a lutar para atingir o ponto de equilíbrio e o pagamento do empréstimo ao banco pairava sobre mim como uma nuvem negra.

Se tivesse recebido orientação em planeamento e gestão financeira, teria compreendido a importância de criar um orçamento detalhado, acompanhar as despesas mais de perto e reservar fundos para emergências. Em vez disso, dei por mim numa situação financeira precária, a tentar fazer malabarismos com os pagamentos e a manter o meu negócio à tona.

À medida que a estação das chuvas se aproximava, apercebi-me de outra lacuna nos meus conhecimentos - informações sobre o clima e o tempo. Os anos anteriores tinham sido relativamente amenos, pelo que não tinha considerado o impacto que o mau tempo poderia ter na minha exploração agrícola. Mas em 2020, as chuvas foram mais fortes do que o habitual e rapidamente me vi em apuros.

Os meus tanques, que tinham sido ampliados à pressa sem um planeamento adequado, começaram a transbordar. As fortes chuvas fizeram com que o nível da água subisse perigosamente e, quando dei por mim, alguns dos meus peixes-gato tinham fugido dos tanques, arrastados pelas águas das cheias. Foi devastador. Perdi uma parte significativa do meu stock e não havia nada que pudesse fazer para o evitar.

Se eu tivesse recebido orientação sobre o clima e os padrões meteorológicos, poderia ter preparado a minha exploração agrícola para a estação das chuvas. Teria sabido construir lagos mais seguros e resistentes às intempéries e tomado precauções para proteger o meu gado. Em vez disso, tive de lidar com as consequências das inundações, tentando salvar o que restava do meu negócio.

Uma das maiores lições que aprendi durante esse período difícil foi a importância de um seguro proeminente. Eu tinha feito um seguro para a minha quinta, mas a companhia de seguros não pagou e deu todo o tipo de desculpas (sabe como é que eles fazem aqui na) e, por causa disso, fiquei vulnerável quando aconteceu uma catástrofe. Quando perdi o meu stock devido às inundações, não havia rede de segurança. Tive de suportar todo o peso da perda financeira.

Sem orientação sobre a importância de um seguro fiável no sector agrícola, perdi uma oportunidade de me proteger a mim e à minha exploração agrícola. Se tivesse segurado o meu stock e os meus bens com uma companhia de seguros conhecida e fiável, poderia ter recebido alguma forma de compensação pela perda e continuado as operações com o mínimo de perturbações. Em vez disso, dei por mim num buraco financeiro, a tentar reconstruir o que tinha levado anos a construir.

No final de 2021, o meu negócio de criação de peixe-gato estava num estado terrível. O financiamento que inicialmente parecia uma bênção tornou-se um fardo, pois eu lutava para pagar os empréstimos enquanto tentava recuperar das perdas causadas por uma má gestão financeira, despreparo para os impactos climáticos e falta de seguro premium. Apercebi-me de que, embora a obtenção de financiamento seja uma parte essencial do crescimento de uma empresa, não é suficiente por si só.

Olhando para trás, compreendo agora como a orientação é crucial no sector agrícola. Se eu tivesse procurado orientação para gerir as finanças, preparar-me para os desafios climáticos e proteger a minha exploração agrícola através de seguros, poderia ter evitado muitas das armadilhas que acabaram por levar ao quase colapso do meu empreendimento de criação de peixe-gato. Esta experiência ensinou-me que a orientação não é apenas uma questão de aprender novas competências; é uma questão de ganhar a sabedoria para antecipar desafios e preparar-se para o inesperado.

Embora os contratempos tenham sido dolorosos, tornaram-se lições valiosas para mim. Agora sei que o sucesso no agronegócio requer mais do que apenas financiamento; requer conhecimento, preparação e orientação. E embora ainda esteja a reconstruir, estou a fazê-lo com uma nova perspetiva - uma que valoriza a orientação como uma parte indispensável da minha jornada na agricultura.

1.2 Visão geral da tutoria em agronegócios

O que é a tutoria?

A tutoria é o processo através do qual indivíduos experientes orientam e apoiam indivíduos menos experientes na superação de desafios, no aproveitamento de oportunidades e no cultivo de competências essenciais para o sucesso no sector do agronegócio. Vai para além do conhecimento técnico; a tutoria envolve a partilha de sabedoria, a promoção da inteligência emocional e a formação da mentalidade necessária para o sucesso empresarial.

O que é a mentoria em agronegócios?

A tutoria no sector do agronegócio é o catalisador para a criação de empresários agrícolas resilientes, bem sucedidos e inovadores que podem liderar a transformação do sector agrícola. O *Milkaz Agribusiness Mentorship Scheme* - uma parte da **Milkaz Farms Enterprise**, concebido para fomentar o conhecimento prático, a perspicácia empresarial e as capacidades de liderança, proporciona um caminho estruturado para que tanto os mentores como os mentorados libertem todo o seu potencial. Este capítulo analisa os conceitos fundamentais da tutoria no sector do agronegócio, traçando as origens do Programa de Tutoria do Agronegócio e destacando o seu papel único na formação de futuros líderes.

Figura 1.0: Principais ofertas do Milkaz Agribusiness Mentorship Scheme (MAMS)

Importância da tutoria no agronegócio

No sector do agronegócio, a tutoria é especialmente importante devido à natureza dinâmica do sector, que é influenciada pela evolução das tecnologias, pelas alterações do mercado, pelas alterações climáticas e pelos quadros políticos. A tutoria fornece aos empresários agrícolas os conhecimentos necessários para se adaptarem a estas mudanças e tomarem decisões informadas. A troca de conhecimentos entre o mentor e o mentorando ajuda a encurtar a curva de aprendizagem, permitindo que os mentorandos evitem armadilhas comuns e adoptem as melhores práticas mais rapidamente.

Além disso, a orientação promove uma rede de colaboração e inovação. Os empresários agrícolas bem sucedidos consideram frequentemente que a orientação é um dos principais factores de crescimento da sua empresa, permitindo-lhes expandir as operações, aumentar a rentabilidade e ter um impacto positivo nas suas comunidades.

1.3 As origens e o objetivo do programa de tutoria Milkaz Agribusiness Mentorship Scheme

O Agribusiness Mentorship Scheme nasceu do reconhecimento de que muitos aspirantes a empresários do agronegócio, especialmente em mercados emergentes como a Nigéria, carecem dos sistemas de apoio necessários para ter sucesso. Fundado em fevereiro de 2022, o esquema foi concebido para colmatar a lacuna entre profissionais experientes e jovens e ambiciosos profissionais do agronegócio, fornecendo-lhes uma estrutura para o crescimento, inovação e sustentabilidade.

O objetivo do regime é oferecer uma orientação estruturada que aborde os desafios únicos enfrentados pelos empresários agrícolas. Estes incluem o acesso aos mercados, os avanços tecnológicos, as práticas sustentáveis e a gestão financeira. O Agribusiness Mentorship Scheme não se limita a melhorar as práticas agrícolas; também se concentra em ajudar os mentorados a desenvolver competências de liderança, pensamento empreendedor e uma mentalidade resiliente capaz de ultrapassar a natureza volátil do sector do agronegócio.

1.4 Mentoria versus formação: Compreender a diferença

Embora a orientação e a formação sejam frequentemente utilizadas indistintamente, têm objectivos diferentes no desenvolvimento dos empresários agrícolas. A formação tende a ser mais formal e centra-se na transferência de competências ou conhecimentos específicos num determinado período. Normalmente, é concebida em torno de um currículo que aborda aspectos técnicos específicos do agronegócio, como a gestão de culturas, o tratamento de animais ou a contabilidade financeira.

A tutoria, por outro lado, é uma relação de longo prazo que enfatiza o crescimento pessoal, a resolução de problemas e a tomada de decisões. Envolve uma abordagem mais holística em que o mentor fornece apoio contínuo, não só partilhando conhecimentos técnicos, mas também oferecendo orientação sobre estratégia empresarial, liderança e desenvolvimento pessoal. A mentoria evolui frequentemente com base nas necessidades únicas do mentorado, permitindo uma experiência de aprendizagem mais personalizada.

Enquanto a formação fornece o "como" do agronegócio, a tutoria fornece o "porquê" - ajudando os mentorados a compreender o contexto por detrás das suas acções, oferecendo uma visão das tendências do sector e incutindo a confiança necessária para assumir riscos calculados. A combinação de orientação e formação é muitas vezes a chave para criar empresários agrícolas completos e bem sucedidos, capazes de prosperar numa paisagem agrícola em constante mudança.

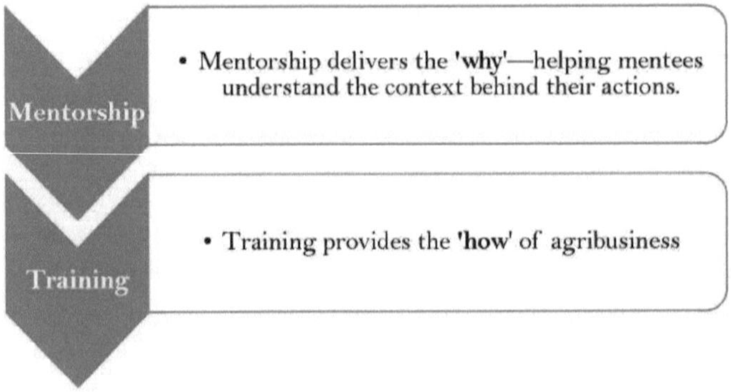

Figura 1.1: Grande disparidade entre formação e tutoria

1.5 Avaliação

1. Qual é o principal objetivo da tutoria no agronegócio?

A) Trabalho em rede

B) Desenvolvimento de competências

C) Apoio financeiro

D) Acesso ao mercado

E) Todas as opções anteriores

2. Qual das seguintes opções melhor define a tutoria?

A) Um programa educativo formal

B) Uma relação em que um indivíduo mais experiente orienta um menos experiente

C) Uma parceria comercial

D) Uma experiência de acompanhamento no local de trabalho

E) Um investimento financeiro

3. Qual das seguintes opções NÃO é uma vantagem da tutoria no sector agroalimentar?

A) Aumento da produtividade

B) Isolamento das tendências do sector

C) Melhoria da tomada de decisões

D) Transferência de competências

E) Oportunidades de trabalho em rede

4. Quem pode servir de mentor no sector do agronegócio?

A) Só os empresários agrícolas de sucesso

B) Profissionais académicos

C) Qualquer pessoa com experiência relevante

D) Funcionários do governo

E) Todas as opções anteriores

5. Qual é a componente chave de uma relação de mentoria bem sucedida?

A) Investimento financeiro

B) Respeito e confiança mútuos

C) Orientações rigorosas

D) Concorrência

E) Nenhuma das anteriores

6. A tutoria pode ser descrita como uma forma de:

A) Formação

B) Aconselhamento

C) Tanto A como B

D) Educação formal

E) Nenhuma das anteriores

7. Qual é um desafio comum enfrentado nas relações de mentoria?

A) Demasiada orientação

B) Falta de comunicação

C) Excesso de familiaridade

D) Limitações financeiras

E) Todas as opções anteriores

8. Qual das seguintes opções descreve melhor o termo "mentees"?

A) Pessoas experientes que fornecem orientação

B) Indivíduos que procuram orientação e apoio

C) Parceiros comerciais

D) Peritos do sector

E) Representantes do governo

9. Qual é uma competência importante que um mentor deve possuir?

A) Conhecimentos financeiros

B) Competências de comunicação

C) Apenas conhecimentos técnicos

D) Falar em público

E) Nenhuma das anteriores

10. Que afirmação é verdadeira relativamente aos programas de mentores?

A) Só são benéficas para os mentorados

B) Devem ser formalizados através de contratos

C) Não requerem planeamento

D) Podem proporcionar benefícios mútuos tanto para os mentores como para os mentorados

E) Estão desactualizados

1.5 Ler mais

E vers, W. J., Brouwers, A., & Tomic, W. (2002). The relationship between teacher self-efficacy and burnout. Affective Science, 4(3), 195-207

Z achary, L. J. (2000). The Mentor's Guide: Facilitating Effective Learning Relationships. Jossey- B ass.

Capítulo 2: O panorama do agronegócio

" A agricultura não é um modo de vida, é um negócio.
I deve ser estruturado, organizado e gerido como uma empresa para
transformar as nossas economias e reduzir a pobreza. "
***D r. Akinwumi Adesina** (Presidente, Banco Africano de Desenvolvimento)*

2.1 A luta silenciosa

Numa pequena aldeia chamada Bale-Agbe, na cidade de Oyo (estado de Oyo, Nigéria), um jovem chamado Olakunle sonhava em tornar-se um empresário agrícola de sucesso. Tendo crescido rodeado de terrenos agrícolas luxuriantes, viu o seu pai trabalhar incessantemente nos campos, lutando para sustentar a família. Olakunle queria mudar essa narrativa. Com determinação e um pequeno empréstimo, decidiu iniciar a sua própria exploração de mandioca.

No início, Olakunle estava otimista. Munido de um smartphone e de alguns manuais de agricultura, acreditava que podia aprender tudo o que precisava em linha. Plantou o seu primeiro lote de mandioca e esperou ansiosamente pela colheita. No entanto, depressa se apercebeu de que os conhecimentos teóricos, por si só, não o podiam preparar para os verdadeiros desafios da agricultura.

Sem um mentor, Olakunle enfrentou inúmeros obstáculos. Subestimou a importância dos testes ao solo e da fertilização correta. As suas plantas cresceram, mas não em todo o seu potencial, e rapidamente descobriu que o seu rendimento era significativamente inferior ao que tinha previsto. A frustração instalou-se à medida que via os seus sonhos de independência financeira desaparecerem a cada colheita improdutiva.

A falta de orientação tornou-se ainda mais evidente quando Olakunle se deparou com infestações de pragas. Tinha lido sobre pragas comuns nos seus livros, mas faltava-lhe o conhecimento prático para as identificar e combater eficazmente. Olakunle experimentou vários remédios que encontrou na Internet, mas muitos não eram adequados para a sua situação específica e as pragas devastaram as suas colheitas. Sem um mentor que o orientasse nestas dificuldades, sentiu-se perdido e derrotado.

A sua situação financeira também se agravou. Olakunle tinha esperança de vender a sua mandioca nos mercados locais, mas sem orientação sobre preços e estratégias de negociação, não conseguiu obter bons negócios. Em vez disso, vendia os seus produtos com prejuízo a intermediários que exploravam a sua ingenuidade. O seu trabalho árduo teve pouco retorno e ele viu-se a acumular dívidas que tinha dificuldade em pagar.

Desesperado por uma solução, Olakunle participou numa feira agrícola local, na esperança de aprender mais e de estabelecer contactos com outros agricultores. Na feira, conheceu um grupo de empresários agrícolas experientes que partilharam as suas histórias e ideias. Eles enfatizaram a importância da orientação e da comunidade no cenário do agronegócio. Olakunle ouviu atentamente, apercebendo-se de que estava a percorrer o seu caminho sozinho, quando a colaboração e a orientação poderiam ter feito toda a diferença.

Inspirado pelas suas histórias de sucesso, Olakunle abordou uma das agricultoras experientes, a Tia Adesola, e pediu-lhe que o orientasse. Ela concordou e, juntos, elaboraram um plano para revitalizar a quinta de Olakunle. A tia Adesola ensinou-lhe a saúde do solo, a gestão das pragas e a importância dos estudos de mercado. Com o seu apoio, Olakunle aprendeu a otimizar a sua produção e a melhorar as suas estratégias de comercialização.

Com os novos conhecimentos e orientações, a quinta de Olakunle começou a prosperar. Os seus rendimentos aumentaram e ele aprendeu a negociar melhores preços. A comunidade começou a reparar nos seus esforços e, em breve, a sua mandioca passou a ser muito procurada.

Ao refletir sobre o seu percurso, Olakunle apercebeu-se de que as suas primeiras dificuldades resultaram da falta de orientação no panorama do agronegócio. Comprometeu-se a pagar o que lhe faltava, orientando outros jovens agricultores da sua aldeia, para que não enfrentassem os mesmos desafios que ele. A história de Olakunle tornou-se um testemunho do poder da orientação na transformação de vidas e no cultivo de uma comunidade de agronegócio próspera na Nigéria. Hoje, Olakunle é um dos nossos mentores experientes no ***Milkaz Agribusiness Mentorship Scheme***

2.2 A indústria agroalimentar

O agronegócio é um sector vasto e diversificado que se estende para além da agricultura, abrangendo uma série de actividades envolvidas na produção, transformação, distribuição e comercialização de produtos agrícolas. À medida que as tendências globais remodelam esta indústria, os empresários agrícolas devem manter-se informados sobre os desafios e as oportunidades que surgem no sector. Este capítulo explora as tendências globais do agronegócio, destaca a paisagem única do agronegócio nigeriano e discute os sectores-chave que desempenham um papel crítico na definição do futuro da indústria.

2.3 Tendências globais no agronegócio

O sector do agronegócio está a passar por profundas mudanças impulsionadas pelos avanços tecnológicos, pela alteração das preferências dos consumidores e pelas preocupações ambientais globais. Algumas das principais tendências globais que afectam o agronegócio incluem:

i. Agricultura digital e agricultura de precisão: A tecnologia transformou o agronegócio através do surgimento de ferramentas digitais como a análise de dados, a deteção remota, a inteligência artificial (IA) e a Internet das Coisas (IoT). A agricultura de precisão permite que os agricultores optimizem insumos como água, sementes e fertilizantes com base em dados em tempo real, levando a uma maior eficiência e produtividade

ii. Sustentabilidade e agricultura inteligente face ao clima: Com as alterações climáticas a representar riscos significativos para a produção alimentar, as práticas sustentáveis estão a tornar-se uma prioridade. A agricultura inteligente em termos climáticos (CSA) dá ênfase à redução das emissões de gases com efeito de estufa, à melhoria da resistência aos impactos climáticos e ao aumento da produtividade.

iii. Automação e robótica no agronegócio: A escassez de mão de obra e a necessidade de eficiência levaram ao desenvolvimento da robótica e da automação agrícola. Os drones, os tractores automatizados e os sistemas de colheita robotizados estão a ser utilizados para racionalizar as operações agrícolas.

iv. Proteínas alternativas e inovação alimentar: O aumento das proteínas de origem vegetal e da carne cultivada em laboratório está a perturbar a criação de gado tradicional. À medida que os consumidores exigem opções alimentares mais saudáveis e sustentáveis, os agronegócios estão a investir em fontes alternativas de proteínas e inovações alimentares.

v. Perturbações na cadeia de abastecimento global: Tensões geopolíticas, pandemias e disputas comerciais expuseram vulnerabilidades nas cadeias de suprimentos globais. Os agronegócios estão a concentrar-se na construção de cadeias de fornecimento resilientes e descentralizadas para mitigar riscos futuros.

vi. Financiamento e investimento no sector agrícola: O sector global do agronegócio está a atrair um interesse crescente dos investidores. O capital privado, o capital de risco e os fundos de investimento de impacto estão a impulsionar o crescimento, especialmente nos mercados emergentes onde o agronegócio tem um vasto potencial de desenvolvimento.

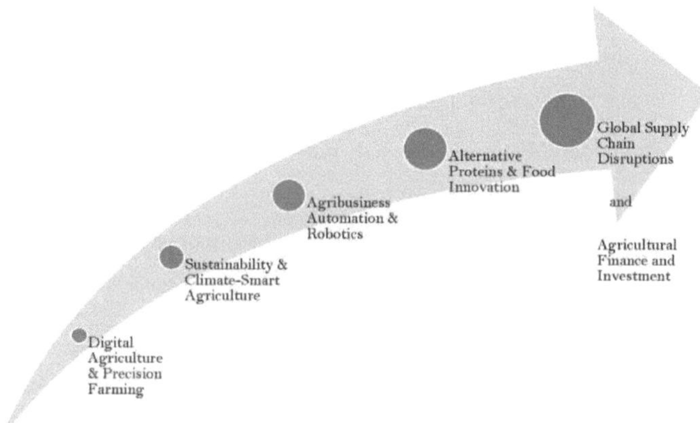

Figura 2.1: Tendências globais do agronegócio

2.4 Desafios e oportunidades na agroindústria nigeriana

A Nigéria, com a sua abundante terra arável, clima favorável e grande população, tem um enorme potencial para o sector agroalimentar. No entanto, é necessário enfrentar vários desafios para que o sector realize todo o seu potencial.

Alguns dos principais desafios e oportunidades do agronegócio nigeriano incluem:

Desafios:

i. Acesso ao financiamento: Muitos pequenos agricultores e empresários agrícolas na Nigéria enfrentam dificuldades em obter financiamento para desenvolver as suas actividades. As elevadas taxas de juro, os requisitos de garantias e a falta de literacia financeira contribuem para este desafio.

ii. Infra-estruturas inadequadas: As redes rodoviárias deficientes, a falta de eletricidade fiável e a falta de instalações de armazenamento impedem o bom funcionamento das empresas agro-industriais, conduzindo a perdas pós-colheita e a um menor acesso ao mercado.

iii. Alterações climáticas e riscos ambientais: A Nigéria é particularmente vulnerável às alterações climáticas, com secas frequentes, inundações e condições meteorológicas extremas que ameaçam a produção agrícola.

iv. Políticas agrícolas fracas: Políticas agrícolas inconsistentes e mal aplicadas, associadas a ineficiências burocráticas, impedem o crescimento do sector.

v. Acesso ao mercado e lacunas na cadeia de valor: Muitos empresários agrícolas nigerianos debatem-se com um acesso limitado aos mercados, tanto a nível local como internacional. As cadeias de valor fracas e a falta de estruturas organizadas para a distribuição contribuem para este problema.

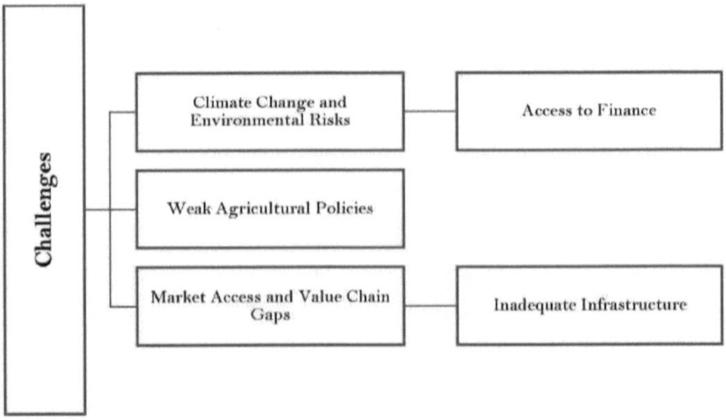

Figura 2.2: Desafios no agronegócio nigeriano

Oportunidades :

i. Envolvimento dos jovens no agronegócio: O crescente interesse dos jovens nigerianos pelo agronegócio representa uma enorme oportunidade para a inovação e modernização do sector. Programas como o ***Milkaz Agribusiness Mentorship Scheme*** estão a capacitar os jovens para desenvolverem agronegócios sustentáveis e lucrativos.

ii. Inovações Agritech: O florescente sector tecnológico da Nigéria pode desempenhar um papel fundamental na transformação da agricultura através de aplicações móveis, mercados digitais e soluções tecnológicas que melhorem as práticas agrícolas, a gestão da cadeia de abastecimento e o acesso ao mercado.

iii. Potencial de exportação: O sector agrícola da Nigéria tem um potencial de exportação inexplorado, especialmente em culturas como o cacau, a mandioca, as sementes de sésamo e o óleo de palma. O reforço da capacidade de exportação poderia aumentar significativamente as receitas em divisas.

iv. Acréscimo de valor e agro-processamento: A transformação de produtos agrícolas a nível local, em vez da exportação de matérias-primas, constitui uma oportunidade lucrativa para melhorar as cadeias de valor, criar emprego e impulsionar a economia.

v. Incentivos governamentais e programas de apoio: O governo nigeriano introduziu iniciativas como o Anchor Borrowers' Program, que proporciona aos pequenos agricultores empréstimos e acesso a factores de produção, criando novas oportunidades para os empresários agrícolas.

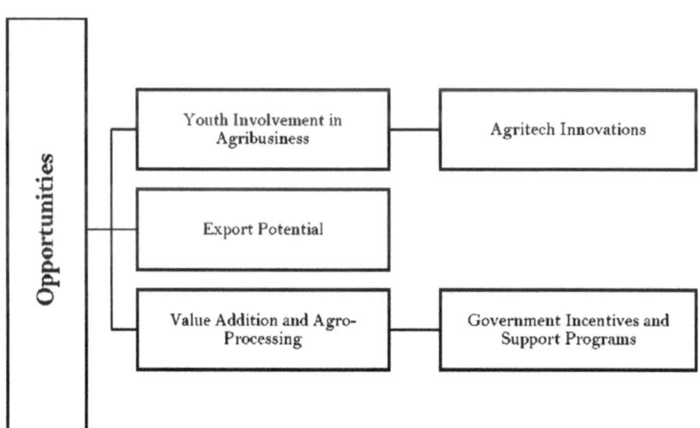

Figura 2.3: Oportunidades no agronegócio nigeriano

2.5 Principais sectores do agronegócio: Culturas, Pecuária e Cadeias de Valor

O agronegócio na Nigéria e não só está dividido em vários sectores-chave, cada um oferecendo oportunidades únicas de crescimento, inovação e rentabilidade. Os três sectores mais proeminentes são as culturas, a pecuária e as cadeias de valor.

Setor das culturas:

i. Culturas de base: O sector agrícola da Nigéria é dominado por produtos básicos como o arroz, o milho, a mandioca, o inhame e o sorgo. Estas culturas constituem a espinha dorsal da segurança alimentar e são fundamentais tanto para o consumo interno como para a exportação.

ii. Culturas de rendimento: As culturas de rendimento como o cacau, o óleo de palma, a borracha e o algodão desempenham um papel significativo no sector agroindustrial da Nigéria. São cultivadas principalmente para exportação e contribuem substancialmente para o PIB do país.

iii. Horticultura: O cultivo de frutas, legumes e outros produtos hortícolas é um sector emergente na Nigéria, impulsionado pelo aumento da urbanização e pela procura de dietas mais saudáveis.

Setor da pecuária:

i. Aves de capoeira: A indústria avícola da Nigéria é uma das maiores de África. A produção de frangos para carne e a produção de ovos para o mercado interno são as principais componentes deste sector. Programas como a Iniciativa de Apoio às Mulheres Avícolas (parte da ***Milkaz Farms Enterprise***) realçam a importância de capacitar as mulheres neste sector.

ii. Gado e lacticínios: A Nigéria tem uma indústria de criação de gado robusta, embora a produção de lacticínios continue subdesenvolvida. Existem oportunidades para melhorar a produtividade dos lacticínios e desenvolver produtos de valor acrescentado como o iogurte e o queijo.

iii. Pesca e aquacultura: A aquacultura, em particular a criação de peixe-gato, é um segmento em crescimento no panorama agroindustrial da Nigéria. Os investimentos na piscicultura têm o potencial de reduzir a dependência das importações e aumentar a produção local.

Cadeias de valor:

i. Processamento e embalagem: O acréscimo de valor através do processamento e da embalagem é fundamental para transformar os produtos agrícolas brutos em bens prontos para o mercado. Este sector inclui indústrias de agro-processamento centradas na moagem, enlatamento, secagem e congelamento de produtos para consumo local e exportação.

ii. Gestão da cadeia de abastecimento: Cadeias de valor eficientes requerem redes eficazes de logística, armazenamento e distribuição. O desenvolvimento de instalações de cadeia de frio, infra-estruturas de transporte e ligações de mercado é vital para reduzir as perdas pós-colheita e aumentar a rentabilidade.

iii. Marketing agrícola e exportação: Cadeias de valor fortes dependem de estratégias de marketing eficazes e do acesso a mercados internacionais. Os empresários agrícolas que consigam satisfazer a procura global através de certificações, marcas e parcerias aumentarão significativamente a sua rentabilidade.

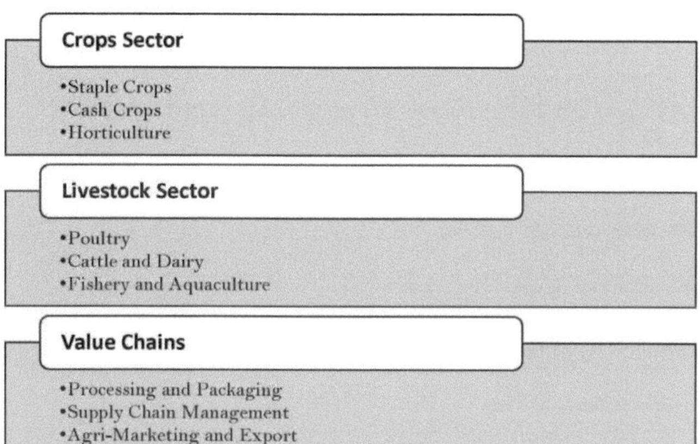

Figura 2.4: Sectores-chave do agronegócio: Culturas, Pecuária e Cadeias de Valor

2.6 Avaliação

1. Qual dos seguintes sectores é um sector-chave do agronegócio?

A) Fabrico

B) Tecnologia da informação

C) Culturas

D) Imóveis

E) Educação

2. Qual é a principal tendência mundial no sector do agronegócio?

A) Diminuição da produção alimentar

B) Aumento da agricultura urbana

C) Redução da utilização de tecnologias

D) Menor ênfase na sustentabilidade

E) Aumento do isolacionismo

3. Qual é o principal desafio que o sector agroalimentar nigeriano enfrenta?

A) Sobrepopulação

B) Falta de investigação agrícola

C) Abastecimento de água abundante

D) Adoção de tecnologias de ponta

E) Nenhuma das anteriores

4. Qual das seguintes situações é considerada uma oportunidade no sector do agronegócio?

A) Diminuição da procura de produtos agrícolas

B) Interesse crescente dos consumidores pelos produtos biológicos

C) Restrições governamentais à atividade agrícola

D) Aumento da degradação dos solos

E) Nenhuma das anteriores

5. O que é que a análise da cadeia de valor ajuda a identificar no sector agroalimentar?

A) Concorrência no mercado

B) Custos de produção

C) Etapas que acrescentam valor aos produtos

D) Impacto ambiental

E) Nenhuma das anteriores

6. Qual das seguintes tecnologias está a ter um impacto positivo no agronegócio?

A) Cadeia de blocos

B) Máquinas de escrever

C) Telefones fixos

D) Aparelhos de fax

E) Nenhuma das anteriores

7. Qual é o principal objetivo das iniciativas agro-industriais?

A) Diminuição da produção agrícola

B) Aumento do desemprego rural

C) Promover a segurança alimentar

D) Limitar a inovação

E) Nenhuma das anteriores

8. Que tendência demográfica está a influenciar o agronegócio?

A) Envelhecimento da população agrícola

B) Diminuição das populações urbanas

C) Distribuição equitativa dos grupos etários

D) Aumento dos empregos agrícolas nas cidades

E) Nenhuma das anteriores

9. Qual é um exemplo de uma cadeia de valor no sector agroalimentar?

A) Da semente ao mercado

B) Planeamento financeiro

C) Formação para o emprego

D) Investigação e desenvolvimento

E) Nenhuma das anteriores

10. Qual dos seguintes factores é fundamental para um agronegócio sustentável?

A) Degradação ambiental

B) Adaptação às alterações climáticas

C) Diminuição da biodiversidade

D) Sobre-exploração agrícola

E) Aumento da dependência dos combustíveis fósseis

2.7 Ler mais

Banco Mundial. (2021). Agronegócio: Opportunities and Challenges in Africa. Publicações do Banco Mundial.

FAO. (2020). O Estado da Alimentação e da Agricultura 2020. Organização das Nações Unidas para a Alimentação e a Agricultura.

Capítulo 3: Fundamentos da tutoria no agronegócio

Uma agricultura sustentável é a chave para desbloquear o potencial económico da Nigéria. É através da orientação que transmitimos conhecimentos, impulsionamos a inovação e protegemos os nossos sistemas alimentares."

***Dr. Tunji Oredipe** (Economista Agrícola Sénior, Banco Mundial)*

3.1 Uma jornada de crescimento: Minha experiência de mentoria em agronegócios

Ainda me lembro do dia em que conheci Yushau, um jovem agricultor apaixonado com grandes sonhos, mas com recursos limitados. Ele aderiu ao Programa de Mentoria em Agronegócios da Milkaz, na esperança de obter informações e orientação para transformar sua pequena fazenda em um negócio sustentável. Fui designado como seu mentor e, embora soubesse que o caminho a percorrer seria difícil, estava entusiasmado por o guiar na sua jornada agroindustrial.

Desde o início, aderi aos princípios básicos da tutoria que tinha aprendido ao longo dos anos. O primeiro passo foi criar confiança. Eu sabia que, para que a nossa relação florescesse, Yushau precisava de se sentir seguro ao partilhar comigo as suas lutas e aspirações. Começámos por discutir abertamente os seus desafios - fraca produção agrícola, acesso limitado aos mercados e falta de práticas adequadas de gestão agrícola. Ouvi com atenção, oferecendo encorajamento e compreensão, assegurando-lhe que nenhum problema era demasiado grande para resolver.

O passo seguinte foi definir objectivos claros. Juntos, desenvolvemos um roteiro para a quinta de Yushau. Delineámos objectivos a curto prazo, como a melhoria da saúde do solo e o aumento da produtividade das culturas, e objectivos a longo prazo, como a expansão do mercado da sua quinta e a diversificação das suas culturas. Salientei a importância de dividir estes objectivos em passos práticos, assegurando que Yushau se sentisse capacitado em vez de sobrecarregado.

Ao longo da nossa relação de mentoria, mantive-me acessível e consistente. Os controlos regulares tornaram-se uma parte crucial da nossa dinâmica, quer se tratasse de um telefonema e/ou WhatsApp para discutir o progresso ou de uma visita à quinta para oferecer conselhos práticos. Incentivei o Yushau a assumir a responsabilidade pela sua aprendizagem e a experimentar novas técnicas, lembrando-lhe que o fracasso fazia parte do processo. Quando uma colheita falhava ou um plano de marketing não funcionava, discutíamos o que tinha corrido mal e como podia melhorar, mantendo sempre o foco na aprendizagem e no crescimento.

Um dos aspectos mais importantes da tutoria foi oferecer um feedback construtivo. Certifiquei-me de equilibrar os meus conselhos com o encorajamento. Depois de uma das suas colheitas ter ficado aquém das expectativas, Yushau ficou desanimado. Salientei os aspectos positivos - as suas colheitas estavam mais saudáveis do que antes - e depois discutimos o que poderia ser melhorado para a época seguinte. O meu feedback não era para apontar falhas, mas para o orientar para melhores decisões.

Por último, apresentei a Yushau as oportunidades de estabelecimento de contactos. Uma das chaves para o sucesso no agronegócio é a ligação com outros actores da cadeia de valor. Apresentei-lhe contactos nos sectores da oferta e da distribuição, ajudando-o a estabelecer relações que abririam portas para a sua exploração agrícola. Estas ligações não só lhe proporcionaram um melhor acesso ao mercado, como também o expuseram a técnicas agrícolas inovadoras.

Os meses passaram e a quinta de Yushau começou a prosperar. As suas colheitas aumentaram e ele começou a vender os seus produtos em mercados maiores. Mas o que mais me encheu de orgulho foi ver Yushau crescer em confiança. Ele já não se via apenas como um pequeno agricultor, mas como um empresário agrícola com uma visão para o futuro. A nossa relação de mentoria tinha-se transformado numa parceria entre iguais, com Yushau a assumir a liderança do seu próprio sucesso.

Olhando para trás, percebi que a chave do nosso sucesso foi seguir os princípios básicos da mentoria - confiança, objectivos claros, comunicação consistente, feedback construtivo e o poder do trabalho em rede. O Milkaz Agribusiness Mentorship Scheme deu-me a oportunidade de partilhar os meus conhecimentos e experiência, mas também me permitiu aprender e crescer juntamente com o meu mentorando. Ao assistir à transformação de Yushau, lembrei-me de que a orientação não é apenas uma questão de ensinar; é uma questão de capacitar os outros a atingirem o seu pleno potencial.

3.2 Fundamentos em Mentoria de Agronegócios

A tutoria no sector do agronegócio é uma ferramenta poderosa para promover o crescimento, a inovação e a liderança entre os empresários do sector. Faz a ponte entre a experiência e a aspiração, equipando os mentorados com as competências, conhecimentos e confiança necessários para navegar nas complexidades do sector do agronegócio. Este capítulo explorará os princípios fundamentais da mentoria no agronegócio, os diferentes tipos de modelos de mentoria, as qualidades que definem um mentor de sucesso e o papel essencial que os mentorandos desempenham no processo de mentoria.

3.3 Fundamentos da tutoria no agronegócio

A mentoria é o processo de construção de uma relação de apoio e desenvolvimento entre um mentor - alguém com experiência, conhecimento e especialização na área - e um mentorado, que procura desenvolver a sua própria carreira e competências empresariais. No agronegócio, a tutoria serve como catalisador para a transferência de conhecimentos, inovação e melhores práticas, aumentando o crescimento de empresários agrícolas emergentes e fortalecendo o sector em geral.

Os fundamentos da tutoria no agronegócio incluem:

i. Transferência de conhecimentos: A tutoria é um canal para a transmissão de conhecimentos valiosos sobre o sector, estratégias e know-how técnico do mentor para o mentorando.

ii. Crescimento pessoal e profissional: Não se centra apenas na melhoria das operações agro-industriais, mas também na promoção do desenvolvimento pessoal, como a capacidade de liderança e de tomada de decisões.

iii. Confiança e compromisso: A tutoria baseia-se na confiança, na comunicação aberta e no compromisso de crescimento mútuo, formando um vínculo que muitas vezes ultrapassa as relações comerciais formais.

iv. Orientação personalizada: Uma relação de mentoria bem sucedida é personalizada de acordo com as necessidades do mentorando, abordando tanto os seus desafios como as suas ambições.

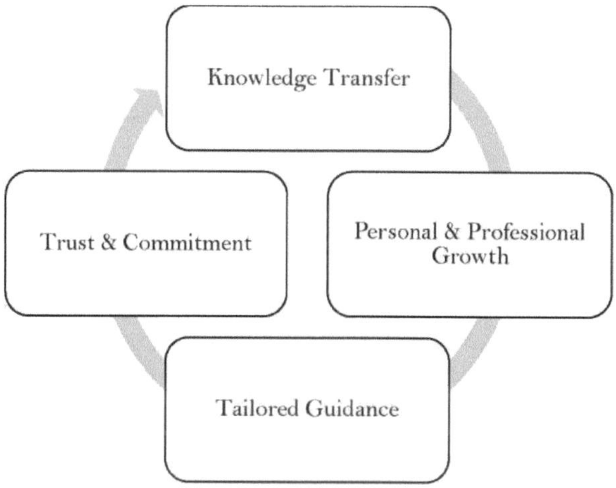

Figura 3.1: Os fundamentos da tutoria no agronegócio

3.4 Tipos de tutoria no agronegócio

Existem vários tipos de modelos de mentoria que podem ser aplicados no agronegócio. A compreensão destes modelos ajuda os empresários agrícolas a escolherem o tipo de orientação que melhor se adequa às suas necessidades e objectivos. Cada um destes modelos de mentoria tem um objetivo diferente e pode ser adaptado às exigências específicas do sector do agronegócio. Os empresários agrícolas devem selecionar o modelo que melhor se adapta ao seu estilo de aprendizagem, aos seus objectivos e às suas necessidades comerciais.

i. Mentoria individual: A forma mais tradicional de mentoria, em que um único mentor trabalha de perto com um único mentorado. Este modelo permite uma interação profunda e personalizada e pode ser altamente eficaz na resolução de desafios específicos enfrentados pelo mentorado.
ii. Mentoria em grupo: Este modelo envolve um mentor que trabalha com um grupo de mentorandos em simultâneo. A tutoria em grupo permite a aprendizagem entre pares e a criação de redes no seio do grupo, oferecendo aos mentorandos a oportunidade de obterem conhecimentos a partir de múltiplas perspectivas.
iii. Mentoria entre pares: Nesta forma, os mentorados orientam-se uns aos outros. Embora possa não haver um mentor experiente a liderar o processo, a mentoria entre pares facilita a aprendizagem partilhada, a troca de conhecimentos e o apoio

emocional entre empresários agrícolas que se encontram em fases semelhantes das suas carreiras.

iv. Mentoria inversa: Na mentoria inversa, os papéis tradicionais são trocados; um mentorado mais jovem ou menos experiente partilha os seus conhecimentos sobre novas tecnologias, tendências ou práticas com um mentor sénior. Este modelo é particularmente valioso no sector do agronegócio, onde as gerações mais jovens lideram frequentemente a inovação na agricultura digital.

v. Tutoria virtual: Com o aumento das ferramentas de comunicação digital, a tutoria virtual permite que os tutores e os tutorados se liguem remotamente. Esta forma de orientação é flexível, ultrapassando as barreiras geográficas e permitindo que os empresários agrícolas das zonas rurais acedam à orientação de líderes do sector em todo o mundo.

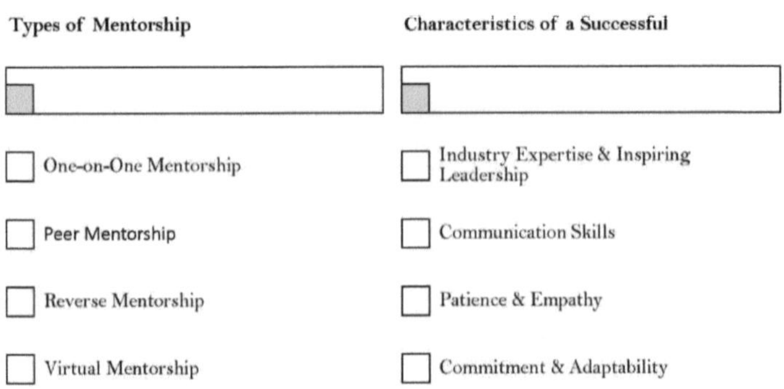

Figura 3.2: Tipos de Mentoria no Agronegócio e Caraterísticas de um Mentor de Sucesso no Agronegócio

3.5 Caraterísticas de um mentor de sucesso no sector agroindustrial

Um mentor de sucesso no sector do agronegócio é alguém que não só possui os conhecimentos e a experiência necessários, mas também a vontade de investir no desenvolvimento da próxima geração de empresários agrícolas. Algumas das principais caraterísticas de um mentor de sucesso no sector do agronegócio incluem

i. Experiência no sector: Um mentor deve ter um conhecimento profundo do sector do agronegócio, incluindo as últimas tendências, desafios e oportunidades. Isto permite-lhe fornecer orientação informada e ajudar o seu mentorando a navegar em questões específicas do sector.

ii. Competências de comunicação: Uma tutoria eficaz assenta numa comunicação clara e construtiva. Um mentor deve ser capaz de transmitir conceitos complexos de uma forma que seja facilmente compreendida e dar feedback acionável sem desencorajar o mentorando.

iii. Paciência e empatia: O agronegócio pode ser imprevisível e os mentorados enfrentarão inevitavelmente desafios e contratempos. Um mentor bem sucedido demonstra paciência e empatia, fornecendo apoio e encorajamento nos momentos difíceis.

iv. Compromisso: A tutoria requer um investimento de tempo significativo. Um mentor bem sucedido dedica-se ao sucesso do seu mentorando e está disposto a fornecer orientação contínua ao longo da relação de mentoria.

v. Adaptabilidade: O sector agroalimentar está em constante evolução e os mentores têm de ser adaptáveis. Devem manter-se informados sobre os últimos desenvolvimentos do sector e estar abertos a novos métodos, ferramentas e tecnologias que possam ajudar os seus mentorados a ter êxito.

vi. Liderança inspiradora: Um mentor deve inspirar o seu mentorado a pensar de forma crítica, a adotar a inovação e a assumir riscos calculados. Ele deve liderar pelo exemplo, demonstrando integridade, resiliência e um compromisso com a excelência no agronegócio.

3.5 O papel do mentorando no processo de tutoria

O sucesso de uma relação de mentoria não depende apenas do mentor; o mentorado também desempenha um papel fundamental para garantir que a relação seja frutífera e mutuamente benéfica. O mentorando deve ser proactivo, empenhado e comprometido com o seu próprio desenvolvimento. As principais responsabilidades de um mentorando no processo de mentoria incluem

i. Definição de objectivos claros: O mentorando deve iniciar a mentoria com metas e objectivos claros. Estes objectivos guiarão o processo de tutoria e garantirão que tanto o tutor como o tutorado estão alinhados nos seus esforços.

ii. Participação ativa: O mentorando deve ter um papel ativo no processo de mentoria, procurando feedback, fazendo perguntas e tomando a iniciativa no seu percurso de aprendizagem. O envolvimento passivo limitará os benefícios da tutoria.

iii. Abertura ao feedback: A crítica construtiva é uma parte vital do crescimento. Um mentorando deve estar aberto a receber feedback, mesmo quando este destaca áreas a melhorar. Ser recetivo ao feedback permite uma aprendizagem e desenvolvimento contínuos.

iv. Assumir responsabilidades: O mentorado é, em última análise, responsável pelo seu próprio crescimento e sucesso. Embora o mentor forneça orientação e apoio, o mentorando deve assumir a responsabilidade de implementar o que aprendeu e agir de acordo com os seus objectivos.

v. Demonstrar empenhamento: O mentorando deve demonstrar dedicação à relação de mentoria, sendo pontual, preparado e consistente nos seus esforços. Este compromisso demonstra respeito pelo tempo e investimento do mentor no seu desenvolvimento.

3.7 Avaliação

1. Que tipo de tutoria envolve relações individuais?

A) Orientação em grupo

B) Mentoria entre pares

C) Orientação individual

D) Mentoria organizacional

E) Nenhuma das anteriores

2. Que caraterística é essencial para um mentor de sucesso no sector agroindustrial?

A) Cumprimento rígido das regras

B) Abertura de espírito

C) Autoridade rigorosa

D) Falta de empatia

E) Nenhuma das anteriores

3. Qual é o papel de um mentorando no processo de mentoria?

A) Ensinar o mentor

B) Assumir a responsabilidade pela sua própria aprendizagem e crescimento

C) Receber informação de forma passiva

D) Avaliar o desempenho do tutor

E) Nenhuma das anteriores

4. Qual das seguintes opções NÃO é um tipo de tutoria?

A) Tradicional

B) Inverter

C) Pares

D) Híbrido

E) Empresa

5. Qual é o principal objetivo da tutoria no agronegócio?

A) Ganho financeiro para o mentor

B) Progressão na carreira do mentorando

C) Trabalho em rede apenas para o mentor

D) Nenhuma das anteriores

E) Aumento da concorrência

6. Qual das seguintes opções melhor descreve a tutoria inversa?

A) Os trabalhadores juniores orientam o pessoal sénior

B) Mentores experientes dão formação a principiantes

C) Mentoria entre pares

D) Tutoria baseada na família

E) Nenhuma das anteriores

7. Qual é o principal desafio para os mentorandos no processo de mentoria?

A) Falta de entusiasmo

B) Dependência excessiva do mentor

C) Definição eficaz de objectivos

D) Ganhar a confiança do mentor

E) Nenhuma das anteriores

8. Qual é uma das principais vantagens da mentoria no agronegócio?

A) Âmbito de aprendizagem limitado

B) Maior acesso a informações sobre o mercado

C) Isolamento das práticas do sector

D) Falta de desenvolvimento pessoal

E) Nenhuma das anteriores

9. Qual é uma competência de comunicação essencial para os mentores?

A) Assertividade

B) Escuta ativa

C) Interação passiva

D) Domínio

E) Nenhuma das anteriores

10. Qual é a plataforma mais utilizada para a tutoria em linha no sector do agronegócio?

A) Redes sociais

B) Videoconferência

C) Correio eletrónico

D) Todas as opções anteriores

E) Nenhuma das anteriores

3.8 Ler mais

Lankau, M. J., & Scandura, T. A. (2002). Uma investigação da aprendizagem pessoal nas relações mentor-mentorando: Um modelo de processo duplo. Journal of Career Development, 28(3), 203-219.

Cressy, R. (2006). Mentoria no sector agroindustrial: A Growing Necessity. Journal of Agriculture, Food Systems, and Community Development.

Capítulo 4: Construir uma relação forte entre o mentor e o mentorando

"O futuro da agricultura reside na inovação e na colaboração. Temos de trabalhar "em conjunto" em todos os sectores para abordar a desafios da segurança alimentar e das alterações climáticas".
Dr. Kenton Dashiell *(Diretor-Geral Adjunto, Parcerias para a Execução no IITA)*

4.1 O desafio dos mentorandos que não cooperam: Uma história de oportunidades perdidas

Numa das sessões de orientação sobre agronegócio que facilitei, conheci um grupo de jovens mentorados (que são membros do corpo de 2023) que tinham sido selecionados pelo seu potencial para transformar a agricultura local e melhorar a segurança alimentar nas suas comunidades. Entre eles encontravam-se Ayo (do estado de Oyo), Musa (do estado de Kano) e Nkechi (do estado de Enugu) - três indivíduos brilhantes e ambiciosos, com diferentes origens mas um objetivo comum: ganhar a vida através da agricultura. No entanto, à medida que as sessões avançavam, apercebi-me de algo preocupante. Apesar do seu entusiasmo no início, nem todos estavam a envolver-se totalmente no processo de orientação.

Começou subtilmente com a Ayo. Faltava frequentemente às nossas reuniões agendadas, apresentando desculpas como estar demasiado ocupada com compromissos familiares ou outros projectos. Sempre que comparecia, estava distraída, consultando o telemóvel ou chegando atrasada. Mesmo quando eu tentava voltar a falar dos seus planos agrícolas, ela ignorava as minhas sugestões, dizendo que já sabia o que fazer. Mas o desempenho da sua exploração agrícola contava uma história diferente. Os rendimentos eram baixos e ela tinha dificuldades com a gestão de pragas - questões que poderiam ter sido resolvidas se ela tivesse participado mais ativamente nas nossas discussões.

Musa, por outro lado, compareceu a todas as sessões, mas era resistente à mudança. Tinha herdado as práticas agrícolas da sua família e estava relutante em adotar novas técnicas, apesar das provas de que os seus métodos estavam ultrapassados. Durante uma sessão sobre a saúde do solo e a rotação de culturas, rejeitou os meus conselhos, insistindo que o seu método tinha funcionado durante décadas. No entanto, a sua produção permaneceu estagnada e ele continuou a ter dificuldades em aceder a melhores mercados. Sempre que eu tentava apresentar-lhe práticas mais recentes e sustentáveis, ele acenava educadamente com a cabeça, mas nunca as implementava na sua exploração.

Nkechi apresentou um desafio diferente. Era muito ambiciosa e vocalizava durante as sessões de grupo, mas estava relutante em aceitar feedback construtivo. Sempre que eu apontava áreas em que ela podia melhorar - como a diversificação das suas culturas ou a adoção de novas estratégias de marketing - ela ficava na defensiva. Em vez de ver a nossa orientação como uma parceria, encarava-a como um desafio à sua autoridade. Como resultado, Nkechi fez poucos progressos na expansão da sua exploração agrícola, apesar de ter potencial para liderar na sua comunidade agrícola local.

A relutância destes mentorandos em cooperar tornou o processo de mentoria difícil e menos produtivo. Tentei abordagens diferentes - ser mais flexível com os horários das reuniões, oferecer mais encorajamento, até mesmo envolver outros mentorandos bem sucedidos em sessões conjuntas para os inspirar. Mas a sua resistência persistiu, criando uma dinâmica cada vez mais tensa.

A falta de cooperação não afectou apenas o seu progresso individual; teve consequências mais vastas. Estes mentorados representavam pequenos agricultores em contextos locais, onde a segurança alimentar era uma questão premente. As suas explorações agrícolas tinham o potencial de fornecer alimentos às suas comunidades, melhorar os meios de subsistência e contribuir para a economia local. Mas como não estavam dispostos a envolver-se totalmente no processo de orientação, a sua produtividade permaneceu baixa. Em vez de verem os seus rendimentos aumentados e um melhor acesso ao mercado, continuaram a debater-se com os mesmos problemas que tinham antes de aderirem ao programa de mentoria.

Com o tempo, a desconexão entre mentores e pupilos como Ayo, Musa e Nkechi criou oportunidades perdidas. O abastecimento alimentar da comunidade não melhorou como esperado e a segurança alimentar local permaneceu frágil. O programa de mentores foi concebido para criar um efeito de cascata, com os mentorados a melhorarem as suas práticas e a inspirarem outros à sua volta a fazer o mesmo. Mas, sem a sua total cooperação, esse efeito cascata nunca se concretizou totalmente

Reflectindo sobre a situação, apercebi-me de que a orientação é uma via de dois sentidos. Como mentores, podemos fornecer orientação, ferramentas e recursos, mas os mentorados precisam de ser participantes dispostos. Têm de estar abertos à aprendizagem, receptivos a novas ideias e empenhados em aplicar o que aprenderam. Sem esta cooperação, mesmo os programas de mentoria mais bem concebidos têm dificuldade em atingir os seus objectivos. No final, a relutância dos mentorados em se envolverem não só os atrasou como também afectou as hipóteses de as suas comunidades terem uma melhor segurança alimentar e um futuro mais próspero.

Foi uma lição difícil sobre os desafios da tutoria. Enquanto muitos mentorados estão ansiosos e prontos para crescer, alguns precisam de mais tempo e motivação para ver o valor da cooperação. Como mentores, tudo o que podemos fazer é continuar a apoiar, encorajar e esperar que, eventualmente, eles reconheçam o poder da mentoria e se elevem para atingir o seu potencial.

4.2 Construir uma relação forte entre o mentor e o mentorando

O sucesso de qualquer experiência de mentoria no sector do agronegócio depende da força da relação entre o mentor e o mentorando. Uma relação sólida entre mentor e mentorando é construída com base na confiança, no respeito mútuo, na comunicação clara e no compromisso partilhado de atingir os objectivos estabelecidos. Neste capítulo, iremos explorar como estabelecer uma relação de mentoria forte e produtiva, com foco na definição de objectivos, estratégias de comunicação e métodos para enfrentar os desafios que possam surgir.

4.3 Estabelecer objectivos e expectativas

No início da relação de tutoria, tanto o mentor como o mentorando devem trabalhar em conjunto para estabelecer objectivos e expectativas claras. Este passo é crucial para alinhar os seus esforços e garantir que a relação de tutoria tem direção e propósito. Os principais passos para estabelecer objectivos e expectativas incluem:

i. Esclarecimento dos objectivos: Tanto o mentor como o mentorando devem discutir abertamente os seus objectivos individuais para a mentoria. O mentor pode concentrar-se na transmissão de competências específicas, enquanto o mentorando pode procurar ultrapassar desafios específicos no seu agronegócio. Juntos, podem clarificar os objectivos partilhados e o que ambas as partes esperam alcançar.
ii. Definição de objectivos SMART: Os objectivos devem ser específicos, mensuráveis, alcançáveis, relevantes e limitados no tempo (SMART). Isto garante que os objectivos são práticos e controláveis, permitindo a ambas as partes medir

os progressos ao longo do tempo.

iii. Definição de métricas de sucesso: Chegar a um acordo sobre o que é o sucesso, tanto para o mentor como para o mentorando. Estas métricas de sucesso orientarão a tutoria e proporcionarão uma forma de avaliar a eficácia da relação ao longo do tempo.

iv. Discussão de papéis e responsabilidades: Tanto o mentor como o mentorando devem discutir e acordar as suas funções e responsabilidades no processo de mentoria. Por exemplo, pode esperar-se que o mentor forneça conhecimentos específicos do sector ou oportunidades de estabelecimento de contactos, enquanto o mentorando pode ser responsável por trazer questões e actualizações para as suas reuniões.

v. Chegar a um acordo sobre um calendário de tutoria: Definir um calendário para a tutoria, incluindo a duração da relação e a frequência das reuniões ou dos encontros. Ter um calendário claro ajuda a manter o ritmo e garante que ambas as partes se mantêm empenhadas.

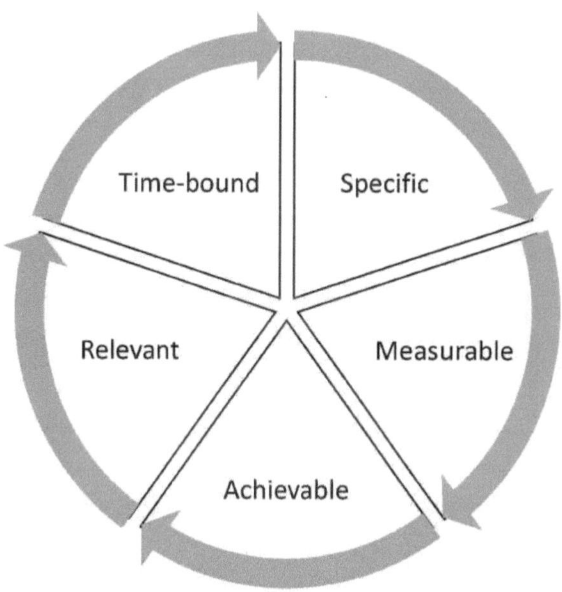

Figura 4.1: Diagrama da definição de objectivos SMART

4.4 Estratégias de comunicação para uma tutoria eficaz

Uma comunicação eficaz é a pedra angular de uma relação mentor-mentorando bem sucedida. Uma comunicação forte garante que ambas as partes permanecem na mesma página, podem abordar quaisquer preocupações ou desafios e trabalhar continuamente para alcançar os seus objectivos comuns. As estratégias para manter uma comunicação eficaz incluem:

i. Verificações regulares: Estabelecer um calendário para uma comunicação regular, quer seja através de reuniões presenciais, chamadas telefónicas ou reuniões virtuais. Os controlos consistentes ajudam a manter o fluxo de informação e asseguram que tanto o mentor como o mentorando permanecem envolvidos no processo.

ii. Escuta ativa: Ambas as partes devem praticar a escuta ativa, o que implica estar totalmente presente, fazer perguntas ponderadas e dedicar algum tempo a compreender a perspetiva da outra pessoa antes de responder. Isto promove um ambiente de confiança e respeito mútuo.

iii. Fornecer feedback construtivo: O feedback é uma parte essencial do processo de mentoria. O mentor deve fornecer feedback construtivo e acionável para ajudar o mentorando a crescer, enquanto o mentorando deve estar aberto a receber feedback e a utilizá-lo para melhorar. O feedback deve ser equilibrado, realçando tanto os pontos fortes como as áreas a melhorar.

iv. Diálogo aberto e honesto: A transparência é fundamental para criar confiança numa relação de mentoria. Tanto o mentor como o mentorando devem sentir-se à vontade para partilhar honestamente os seus pensamentos, desafios e sucessos. Este diálogo aberto ajuda a resolver problemas antes que estes se agravem e promove uma ligação mais forte.

v. Adaptação aos estilos de comunicação: Cada indivíduo tem um estilo de comunicação preferido. Alguns podem preferir a comunicação direta, enquanto outros podem inclinar-se para uma abordagem mais colaborativa ou diplomática. Tanto o mentor como o mentorando devem estar cientes das preferências de comunicação de cada um e adaptar-se para garantir que as suas interações sejam positivas e produtivas. Uma boa comunicação promove um ambiente de colaboração em que tanto o mentor como o mentorando se sentem apoiados, compreendidos e motivados para atingir os seus objectivos.

Figura 4.2: Estratégias de comunicação para uma tutoria eficaz

4.5 Lidar com os desafios da relação entre o mentor e o mentorando

Nenhuma relação está isenta de desafios, e a relação mentor-mentorando não é exceção. Estes desafios podem surgir de expectativas diferentes, falhas de comunicação ou mesmo conflitos pessoais. É importante abordar estes desafios de forma construtiva para garantir que a relação de mentoria continua a ser benéfica para ambas as partes.

Os desafios e soluções comuns incluem:

i. Expectativas desalinhadas: Quando as expectativas do mentor e do mentorando divergem, isso pode levar à frustração ou ao desapontamento. Para resolver este problema, reveja os objectivos e expectativas iniciais que foram estabelecidos no início da relação. Ambas as partes devem discutir abertamente quaisquer alterações nas expectativas e chegar a acordo sobre a forma de avançar.

ii. Barreiras de comunicação: As falhas de comunicação podem prejudicar o processo de orientação. Se uma das partes sentir que a comunicação está a falhar, deve abordá-la imediatamente e trabalhar no sentido de melhorar as suas estratégias de comunicação, quer isso signifique agendar reuniões mais frequentes ou ser mais intencional nas suas conversas.

iii. Conflitos pessoais: As diferenças pessoais de estilo, temperamento ou valores podem, por vezes, levar a conflitos na relação. É importante abordar esses conflitos com empatia e profissionalismo. Ambas as partes devem trabalhar em conjunto para encontrar um terreno comum e resolver quaisquer problemas de forma respeitosa.

iv. Falta de progresso: Se o mentorando não estiver a fazer progressos suficientes, isso pode indicar que a tutoria não é tão eficaz quanto poderia ser. O mentor deve reavaliar a sua abordagem e explorar diferentes formas de motivar ou ajudar o mentorando. O mentor deve reavaliar a sua abordagem e explorar diferentes formas de motivar ou ajudar o mentorando. O mentorando, por sua vez, deve refletir sobre se está a tirar o máximo partido da tutoria e se precisa de ajustar os seus esforços ou áreas de concentração.

v. Questões de gestão do tempo: A tutoria requer um compromisso de tempo e, por vezes, as obrigações externas podem interferir. Tanto o mentor como o mentorando devem ser abertos quanto aos seus horários e dar prioridade à relação de mentoria em conformidade. Se a gestão do tempo se tornar um problema, rever o calendário da tutoria ou ajustar as expectativas pode ajudar a garantir que o progresso continua.

Finalmente, a construção e manutenção de uma forte relação entre mentor e mentorado é fundamental para o sucesso do Milkaz Agribusiness Mentorship Scheme. Através da definição clara de objetivos, comunicação eficaz e gestão proativa dos desafios, mentores e mentorados podem forjar uma parceria poderosa que promove o crescimento, a inovação e o sucesso no agronegócio.

4.6 Avaliação

1. Qual das seguintes opções é um desafio comum na orientação de empresas do sector agroalimentar?

A) Excesso de comunicação

B) Expectativas divergentes

C) Taxas de participação elevadas

D) Recursos abundantes

E) Nenhuma das anteriores

2. Como se pode resolver a incompatibilidade de objectivos entre mentores e mentorandos?

A) Ignorar as diferenças

B) Comunicação aberta

C) Restringir a relação de tutoria

D) Seguir uma agenda rigorosa

E) Nenhuma das anteriores

3. Que estratégia pode melhorar a confiança numa relação de tutoria?

A) Críticas frequentes

B) Controlos regulares e feedback

C) Interação limitada

D) Expectativas pouco claras

E) Nenhuma das anteriores

4. Qual das seguintes situações pode levar à desvinculação do mentorando?

A) Objectivos claros

B) Falta de apoio do mentor

C) Comunicação regular

D) Interesses partilhados

E) Nenhuma das anteriores

5. Qual é uma medida proactiva para garantir uma tutoria eficaz?

A) Definição de objectivos ambíguos

B) Ignorar o feedback

C) Estabelecer um plano estruturado

D) Minimizar a interação

E) Nenhuma das anteriores

6. Que problema surge frequentemente em contextos de tutoria em grupo?

A) Atenção individual reforçada

B) Dificuldades em gerir a dinâmica de grupo

C) Melhoria da colaboração

D) Aumento da partilha de recursos

E) Nenhuma das anteriores

7. Como é que a tecnologia pode apoiar a orientação no domínio do agronegócio?

A) Reduzir a comunicação

B) Proporcionar oportunidades de criação de redes

C) Limitar o acesso aos recursos

D) Melhorar apenas as interações face a face

E) Nenhuma das anteriores

8. Qual é o potencial inconveniente da tutoria em linha?

A) Flexibilidade

B) Falta de interação face a face

C) Maior acesso aos recursos

D) Relação custo-eficácia

E) Nenhuma das anteriores

9. Qual é uma abordagem eficaz para os mentores que enfrentam restrições de tempo?

A) Reduzir o compromisso com os mentorados

B) Dar prioridade às necessidades dos mentorados

C) Estabelecer limites e horários claros

D) Ignorar as necessidades dos mentorados

E) Nenhuma das anteriores

10. Que papel desempenha o feedback na tutoria?

A) É irrelevante

B) Ajuda a melhorar a relação e o processo

C) Só deve vir do mentor

D) Complica a tutoria

E) Nenhuma das anteriores

4.7 Leituras adicionais

Allen, T. D., & Eby, L. T. (2007). Dinâmica de relacionamento nas relações de tutoria. Em T. D. Allen & L. T. Eby (Eds.), Blackwell Handbook of Mentoring (pp. 111-134). Blackwell Publishing. Campbell, C. M., & Nuttall, S. (2008). Fostering a mentor relationship that works. Mentoring & Tutoring: Partnership in Learning, 16(1), 17-30.

Capítulo 5: Eficácia da tutoria no sector agroindustrial

"A chave para transformar a agricultura em África é investir na cadeia de valor, desde a produção até à transformação e distribuição. Temos de garantir que os agricultores recebem o apoio de que necessitam para serem competitivos a nível mundial. "
***Alhaji Aliko Dangote** (Fundador, Grupo Dangote)*

5.1 O mentor invisível

Em 2015, eu era o orgulhoso proprietário de uma quinta de criação de galinhas poedeiras em fase de arranque. Com um pequeno terreno, sonhava em fornecer frango fresco à minha comunidade. No entanto, o que me faltava era uma compreensão adequada da mentoria em agronegócios e do valor que ela poderia trazer para o meu empreendimento.

Entusiasmado com as perspectivas do meu novo negócio, mergulhei de cabeça na criação de poedeiras. Tinha feito a minha pesquisa - vendo vídeos no YouTube, lendo artigos e participando em algumas feiras agrícolas locais. No entanto, depressa descobri que os desafios reais de gerir uma exploração agrícola eram muito mais complexos do que eu tinha previsto.

Com conhecimentos limitados sobre práticas alimentares eficazes, optei por rações baratas, na esperança de reduzir os custos. Em poucas semanas, as minhas galinhas começaram a mostrar sinais de sofrimento. Não tinha um mentor que me orientasse sobre como escolher uma alimentação de qualidade ou como reconhecer os primeiros sintomas de doença. Em vez disso, confiei na minha própria intuição, que se revelou inadequada.

Com o passar dos meses, a situação piorou. A saúde do meu bando deteriorou-se e muitas das aves sucumbiram a doenças. Vi, impotente, o meu investimento a diminuir. Tornou-se claro que me estavam a faltar conhecimentos essenciais sobre medidas de biossegurança e prevenção de doenças que um mentor experiente poderia ter fornecido.

Para além disso, tive dificuldades em comercializar as minhas camadas. Sem orientação, subestimei a importância da marca e das relações com os consumidores. Confiei apenas no boca-a-boca, na esperança de que as minhas aves se vendessem sozinhas. No entanto, a minha quinta não tinha visibilidade e os potenciais clientes nem sequer sabiam que eu existia.

Após vários meses de perdas, dei por mim à beira da desistência. Frustrado e desanimado, apercebi-me de que o meu desconhecimento do processo de orientação me tinha custado muito caro. Tinha trabalhado isolado, não tendo procurado agricultores experientes que pudessem partilhar os seus conhecimentos e fornecer informações valiosas sobre a gestão de uma exploração de poedeiras bem sucedida.

Só quando participei num seminário agrícola local, no final desse ano, é que compreendi finalmente a importância da orientação. Ao ouvir agricultores de sucesso partilharem as suas experiências, reconheci o papel vital que um mentor poderia desempenhar na navegação pelas complexidades do agronegócio. Inspirado, prometi procurar orientação para a minha exploração agrícola.

Comecei a contactar agricultores experientes da minha comunidade, a fazer perguntas e a absorver a sua sabedoria. Aprendi sobre a gestão correta dos alimentos, a prevenção de doenças e estratégias de marketing eficazes. Com a sua orientação, consegui dar a volta à minha exploração de poedeiras, melhorando a saúde das minhas aves e aumentando as vendas.

Olhando para trás, apercebi-me de que a minha falta de conhecimento sobre a orientação no sector do agronegócio quase me custou o meu sonho. Aquele ano ensinou-me uma lição inestimável: procurar orientação não é um sinal de fraqueza, mas sim um caminho para o sucesso. Com a orientação certa, transformei a minha quinta num negócio próspero e tornei-me um mentor para outros, garantindo que não enfrentariam as mesmas dificuldades que eu tive.

5.2 Aspectos da Mentoria em Agronegócios

Uma das formas mais convincentes de ilustrar a eficácia do Agribusiness Mentorship Scheme é através de histórias de sucesso da vida real. Estas histórias demonstram o impacto transformador que a tutoria pode ter na vida dos aspirantes a empresários agrícolas e dos mentores já estabelecidos. Ao partilhar estas experiências, celebramos as realizações dos mentorados que prosperaram sob a orientação dos seus mentores e mostramos os resultados tangíveis deste poderoso programa.

5.3 Testemunhos reais de mentores e mentorandos

Nesta secção, partilhamos histórias pessoais de mentores e mentorandos, realçando os benefícios mútuos da relação de mentoria. Estes testemunhos reflectem os desafios, as descobertas e os sucessos finais experimentados ao longo do seu percurso.

Depoimento de um Mentor: "Como mentor no Milkaz Agribusiness Mentorship Scheme, tive o privilégio de orientar jovens empresários agrícolas que são apaixonados por fazer a diferença no sector agrícola. Os meus mentorados enfrentam desafios únicos, mas, através da nossa relação, tornaram-se empresários confiantes e bem sucedidos. Tem sido imensamente gratificante ver o seu progresso e, por sua vez, ganhei novos conhecimentos sobre as tendências e inovações emergentes no sector agrícola."

Depoimento de um Mentee: "Entrei para o Programa de Mentoria em Agronegócios da Milkaz sem saber como expandir minha granja de aves. O meu mentor ajudou-me a desenvolver um plano de negócios, apresentou-me melhores práticas agrícolas e ligou-me a redes valiosas. Hoje, a minha exploração duplicou a produção e estou a dar formação a outras pessoas na minha comunidade. A orientação mudou verdadeiramente a minha vida."

Testemunho conjunto do Mentor e do Mentee: "A nossa parceria começou com uma visão partilhada de melhorar a produção agrícola nas zonas rurais da Nigéria. Através da confiança, da comunicação aberta e da dedicação aos nossos objectivos, alcançámos grandes resultados. Não só o meu mentor me ajudou a expandir o meu negócio de transformação, como também lançámos um programa de formação comunitária que está a capacitar outros jovens empresários agrícolas. Juntos, fizemos uma verdadeira diferença, e o nosso trabalho continua a inspirar outros."

Estes testemunhos demonstram o impacto real do programa de tutoria, inspirando os actuais e futuros participantes a empenharem-se plenamente no processo e a lutarem pelo sucesso.

5.4 Estudos de casos de empresários agrícolas de sucesso

Esta secção irá aprofundar os estudos de caso detalhados de empresários agrícolas de sucesso que emergiram do Programa de Mentoria em Agronegócios da Milkaz. Estes estudos de caso fornecem uma visão aprofundada do percurso dos mentorados selecionados, desde os desafios que enfrentaram antes de aderirem ao programa até aos marcos que alcançaram sob a orientação dos seus mentores.

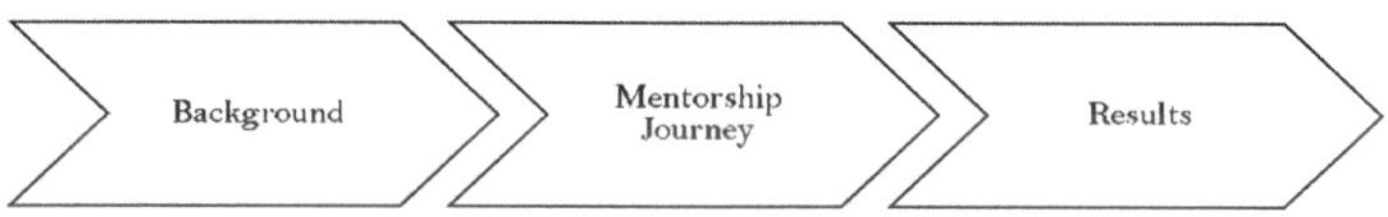

Figura 5.1: Formato dos estudos de caso

Estudo de caso 1: De pequeno agricultor a produtor de aves de capoeira em grande escala

i. Antecedentes: John começou como pequeno avicultor numa comunidade rural com recursos e conhecimentos limitados sobre técnicas agrícolas modernas. Apesar do seu trabalho árduo, a sua exploração tinha dificuldade em crescer e ele enfrentava perdas frequentes devido a ineficiências nos seus processos de produção.
ii. Viagem de mentoria: Através do esquema de mentoria, John foi emparelhado com um empresário agrícola experiente, especializado em avicultura. Durante o período de orientação, John aprendeu a implementar sistemas de alimentação eficientes, a melhorar a biossegurança na sua exploração e a aceder a melhores mercados para os seus produtos.
iii. Resultados: Com o apoio do seu mentor, a produção agrícola do John aumentou 150% no primeiro ano. Ele expandiu as suas operações, contratou mais trabalhadores e até começou a orientar outros aspirantes a agricultores na sua comunidade. Atualmente, John gere uma das maiores explorações avícolas da sua região e tornou-se um modelo para os jovens empresários agrícolas.

Estudo de caso 2: Inovar no processamento agrícola

i. Antecedentes: Suliyah era licenciada e tinha uma paixão pela transformação de produtos agrícolas, nomeadamente pela valorização de culturas como a mandioca e o milho. Apesar dos seus conhecimentos académicos, teve dificuldade em lançar uma empresa de transformação bem sucedida devido à falta de experiência prática e de ligações à indústria.

ii. Jornada de Mentoria: Suliyah foi acompanhada por um mentor que tinha uma vasta experiência em processamento agrícola e empreendedorismo. Juntos, trabalharam para aperfeiçoar o seu modelo de negócio, otimizar os seus processos de produção e desenvolver uma forte estratégia de marketing.

iii. Resultados: No prazo de 18 meses após a orientação, a empresa de transformação de Suliyah tinha conseguido contratos com vários compradores importantes. Introduziu soluções de embalagem inovadoras que distinguem os seus produtos no mercado. A sua empresa dá agora emprego a mais de 50 pessoas na sua comunidade e é reconhecida como uma voz de liderança na inovação agrícola.

Estudo de caso 3: Revolucionar a cultura do arroz através da inovação

i. Antecedentes: Ahmed era um jovem agricultor de arroz que enfrentava inúmeros desafios relacionados com sistemas de irrigação deficientes e rendimentos inconsistentes. Apesar da sua dedicação, tinha dificuldade em competir com explorações agrícolas maiores e mais estabelecidas.

ii. Jornada de Mentoria: Através do Programa de Mentoria em Agronegócios da Milkaz, Ahmed foi emparelhado com um mentor especializado em agricultura de precisão. O seu mentor apresentou-lhe técnicas de irrigação modernas e ferramentas digitais que o ajudaram a monitorizar as condições do solo e a gerir os seus recursos de forma mais eficaz.

iii. Resultados: Ao adotar estas inovações, Ahmed aumentou os rendimentos da sua quinta em 200% e reduziu a utilização de água em 30%. O seu sucesso atraiu a atenção de investidores e de programas governamentais interessados em promover práticas agrícolas sustentáveis. Ahmed está agora a expandir o seu negócio e a ajudar outros agricultores a adotar técnicas semelhantes nas suas próprias operações.

Estes estudos de caso fornecem exemplos concretos de como a orientação pode transformar os negócios dos agro-empresários, capacitando-os a alcançar maior produtividade, sucesso financeiro e impacto social. Eles também destacam a variedade de desafios enfrentados pelos empresários agrícolas e as diversas soluções que a orientação pode oferecer. Através destas histórias, pretendemos inspirar outras pessoas a aderirem ao Milkaz Agribusiness Mentorship Scheme e a aproveitarem o poder da orientação para libertarem todo o seu potencial.

5.4 Avaliação

1. Que métrica é normalmente utilizada para avaliar o sucesso dos programas de mentoria?

A) Inquéritos de satisfação dos mentorandos

B) Número de mentorados

C) Contribuições financeiras

D) Popularidade do mentor

E) Nenhuma das anteriores

2. A que se refere a "avaliação do impacto" na tutoria?

A) Analisar apenas os ganhos financeiros

B) Avaliar os efeitos da tutoria nos tutorados

C) Medir o crescimento pessoal do mentor

D) Avaliação das tendências do mercado

E) Nenhuma das anteriores

3. Qual das seguintes opções indica uma relação de mentoria bem sucedida?

A) Elevada rotação de mentores

B) Realização dos objectivos pessoais do mentorando

C) Falta de comunicação

D) Feedback limitado

E) Nenhuma das anteriores

4. Qual é um aspeto importante para medir a eficácia da tutoria?

A) Avaliações únicas

B) Avaliações a longo prazo

C) Ignorar o feedback do mentorando

D) Comparação apenas com outros programas

E) Nenhuma das anteriores

5. Qual das seguintes ferramentas pode ser utilizada para a avaliação do desempenho na tutoria?

A) Entrevistas

B) Grupos de discussão

C) Inquéritos

D) Todas as opções anteriores

E) Nenhuma das anteriores

6. O que é que uma "história de sucesso" no domínio da tutoria ilustra normalmente?

A) Realizações do mentor

B) Transformação e crescimento do mentorando

C) Ganhos financeiros

D) Tendências do sector

E) Nenhuma das anteriores

7. Como é que os programas de mentoria podem demonstrar responsabilidade?

A) Mantendo os seus objectivos em segredo

B) Fornecendo actualizações e relatórios regulares

C) Ao evitar avaliações

D) Ao centrar-se apenas nas experiências dos mentores

E) Nenhuma das anteriores

8. Qual é um desafio comum na avaliação do sucesso da tutoria?

A) Disponibilidade de dados

B) Subjetividade das definições de sucesso

C) Elevado envolvimento dos mentorados

D) Métricas claras

E) Nenhuma das anteriores

9. Que resultado NÃO é normalmente medido nas avaliações de tutoria?

A) Crescimento profissional do mentorando

B) Rendimento do mentor

C) Expansão da rede

D) Competências adquiridas pelos mentorados

E) Níveis de satisfação

10. Qual é o fator-chave para garantir a sustentabilidade dos programas de mentoria?

A) Financiamento consistente

B) Falta de avaliações

C) Envolvimento limitado dos participantes

D) Concentrar-se apenas nos ganhos financeiros

E) Nenhuma das anteriores

5.5 Referências

OCDE. (2018). Apoiar o empreendedorismo e a inovação na agricultura. Publicação da OCDE.

Chibueze, M. C., & Bassey, C. E. (2021). Evidências empíricas sobre histórias de sucesso de mentores do agronegócio. Jornal de Pesquisa de Negócios, 128, 436-444.

Capítulo 6: O processo de tutoria: Da seleção à execução

"A agricultura não é para os fracos de coração. Requer dedicação, persistência e a capacidade de aprender com cada fracasso."
Femi Oke *(Presidente da Associação de Agricultores da Nigéria, secção de Lagos)*

5.1 A tutoria de um pai: Do berço ao sucesso

Enquanto crescia, sempre admirei a forma como o meu pai parecia saber exatamente como lidar com os desafios da vida. Quer fosse a navegar pelos altos e baixos da sua quinta (em Nkanna Police Baracks, no Estado de Osun) ou a gerir as complexidades da vida familiar, ele parecia ter um sentido inabalável de objetivo. Mal sabia eu que ele me estava a orientar subtilmente desde o início, transformando-me na pessoa que sou hoje.

Desde que me lembro, o meu pai acreditava em liderar pelo exemplo. Nunca me sentou para lições formais; em vez disso, certificava-se de que eu era sempre incluído em tudo o que ele estava a fazer, quer fosse na quinta ou durante as reuniões de negócios da família. Quando eu era criança, ele deixava-me ir comigo para a quinta. Na altura, não compreendia muito, mas ele explicava-me a importância do trabalho árduo, da paciência e de cuidar da terra. "O solo é como a vida", dizia ele. "O que se ganha com ele é o que se põe nele." Essas palavras ficaram-me na memória.

À medida que fui crescendo, ele começou a ensinar-me de forma mais deliberada. Não me ensinou apenas a plantar ou a criar gado; mostrou-me como planear o futuro, como equilibrar o risco e como tomar medidas calculadas para garantir o sucesso. Não se tratava apenas de agricultura - tratava-se da vida. Ele dizia: "Não se pode esperar que as coisas cresçam se não as cuidarmos" e aplicava esta lição a tudo, desde as colheitas às relações e ao desenvolvimento pessoal.

Lembro-me de um momento específico quando tinha cerca de doze anos. Estava frustrado com uma das tarefas da quinta e queria desistir. O meu pai viu a frustração na minha cara e, em vez de se zangar ou intervir para resolver a situação, sentou-se comigo e perguntou-me o que é que eu achava que tinha corrido mal. Não ofereceu soluções de imediato, mas guiou-me através de um processo de reflexão, ajudando-me a ver o que tinha corrido mal. Não ofereceu soluções imediatas; em vez disso, guiou-me através do processo de reflexão, ajudando-me a ver onde podia melhorar.

"Sabe, Xerife", disse ele, "ser mentor não significa que eu lhe diga o que fazer. Trata-se de o ajudar a ver o que é capaz de fazer. Se eu lhe der todas as respostas, não aprenderá a pensar por si próprio."

A partir desse dia, o meu pai tornou-se mais do que um simples professor - tornou-se um mentor. Incutiu-me a convicção de que eu tinha a capacidade de resolver os problemas sozinho, mesmo quando estes pareciam avassaladores. Deu-me espaço para cometer erros, mas esteve sempre presente para me orientar quando me desviei demasiado do caminho. Compreendia que a orientação não tinha a ver com controlo; tinha a ver com confiança, paciência e capacitação.

Quando entrei na idade adulta, a orientação do meu pai evoluiu. Ele já não me tratava como uma criança a ser guiada, mas como um parceiro a ser consultado. Quando decidi iniciar o meu próprio negócio agrícola, ele não me impôs as suas ideias. Em vez disso, fez perguntas, ouviu os meus pensamentos e deu-me conselhos quando eu os procurava. Deu-me a confiança necessária para tomar as minhas próprias decisões, sabendo que me apoiava se precisasse de apoio.

Lembro-me de um caso em que tive de tomar uma decisão importante sobre a expansão da quinta. Estava ansioso, sem saber se estava pronto para dar um passo tão importante. O meu pai sentou-se comigo até tarde da noite, sem me dar uma resposta direta, mas ajudando-me a pesar os prós e os contras, encorajando-me a confiar nos alicerces que me tinha ajudado a construir.

"Lembrem-se", disse ele, "não se trata de tomar sempre a decisão perfeita. Trata-se de aprender com cada decisão que tomamos. É assim que se cresce - tal como fizemos crescer esta quinta ao longo dos anos."

Através da sua orientação, o meu pai tinha-me dado algo muito mais valioso do que técnicas agrícolas ou estratégias comerciais - tinha-me dado uma mentalidade. Ensinou-me resiliência, pensamento crítico e a importância da aprendizagem contínua. Mesmo agora, quando estou a gerir o meu próprio negócio agrícola de sucesso, dou por mim a confiar nos princípios que ele me incutiu desde o berço.

O processo de orientação do meu pai foi subtil, consistente e profundamente impactante. Ele não me ensinou apenas a ser um bom agricultor; ensinou-me a ser um líder ponderado, um solucionador de problemas e alguém que compreende o valor de fomentar o crescimento em todos os aspectos da vida. Sempre que ando pelos campos, tomo uma decisão comercial ou oriento outra pessoa, lembro-me de que as raízes do meu sucesso estão profundamente enraizadas nos alicerces que o meu pai me lançou.

Em muitos aspectos, a minha vida e carreira são um testemunho do poder da orientação, a começar pelo mentor mais fundamental de todos - o meu pai. Ele mostrou-me que a verdadeira orientação não consiste apenas em transmitir conhecimentos, mas em cultivar a pessoa que se está a orientar, permitindo-lhe prosperar nos seus próprios termos. Hoje, esforço-me por incorporar essas lições com os meus próprios mentorados, transmitindo o legado que o meu pai tão cuidadosa e amorosamente cultivou em mim.

5.2 O Processo de Mentoria: Um processo bem estruturado

O sucesso de qualquer programa de mentoria depende de um processo bem estruturado que começa com a seleção dos mentorandos certos, o desenvolvimento de um plano de mentoria personalizado e a orientação dos participantes ao longo das várias fases do percurso. Este capítulo divide o processo de tutoria nos seus componentes críticos, garantindo que os tutores e os tutorados possam obter o máximo valor da experiência.

5.3 Critérios de seleção de mentores

A seleção dos mentorados é um primeiro passo vital no processo de mentoria. Garante que os indivíduos com a mentalidade, o empenho e o potencial corretos sejam escolhidos para o programa. Esta secção descreve os critérios utilizados para identificar os mentorandos adequados para o Programa de Mentoria em Agronegócios:

i. Paixão pelo agronegócio: É essencial demonstrar interesse e entusiasmo pelo agronegócio. Os mentorados devem demonstrar que estão empenhados em construir uma empresa agroindustrial sustentável e com impacto.
ii. Potencial de crescimento: Os mentorandos devem ter potencial para crescer pessoal e profissionalmente no sector agroindustrial. Isto pode ser evidenciado pelo seu trabalho anterior, formação académica ou ideias inovadoras.
iii. Vontade de aprender: A abertura a novas ideias, conselhos e críticas construtivas é crucial para os mentorados. Uma forte vontade de aprender e de se adaptar é um sinal de que o mentorando se envolverá plenamente no processo de mentoria.

iv. Compromisso com o processo: O processo de tutoria requer tempo, energia e dedicação. Os mentorados devem estar empenhados em trabalhar com os seus mentores e aplicar os conhecimentos e competências que adquirem ao longo do programa.

v. Alinhamento com os objetivos do Programa: A visão e os objectivos do mentorando devem estar alinhados com os objectivos do Programa de Tutoria em Agronegócio. Isto assegura que tanto o mentorado como o programa podem alcançar os resultados desejados.

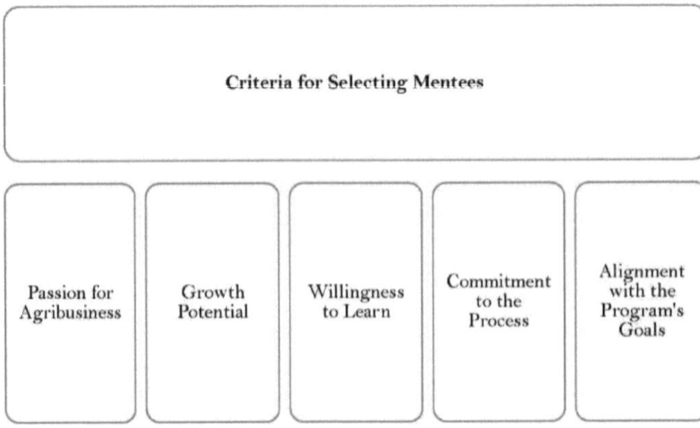

Figura 6.1: Critérios de seleção de mentorados

6.4 Conceber um plano de tutoria personalizado

Uma vez selecionados os mentorandos, o passo seguinte consiste em conceber um plano de orientação personalizado, adaptado às necessidades, objectivos e desafios específicos de cada mentorando. Um plano bem elaborado define a direção do processo de orientação e ajuda tanto o mentor como o mentorando a manterem-se concentrados na obtenção de resultados específicos.

Os principais componentes de um plano de orientação personalizado incluem:

i. Definição de objectivos: No início da tutoria, o mentor e o mentorando devem trabalhar em conjunto para identificar os objectivos a curto e longo prazo do mentorando. Estes objectivos devem ser realistas, mensuráveis e alinhados com a visão mais ampla do mentorando para o seu agronegócio.

ii. Avaliação de competências: Uma avaliação minuciosa das competências, conhecimentos e capacidades actuais do mentorando ajuda a identificar as áreas a melhorar e a desenvolver. Esta avaliação orienta a seleção de tópicos e actividades relevantes a focar durante a tutoria.

iii. Desenvolvimento de objectivos: Dividir os objectivos do mentorando em marcos mais pequenos e alcançáveis cria um roteiro para o progresso. Estes marcos ajudam a acompanhar o desenvolvimento e garantem que o mentorado está a dar passos firmes em direção aos seus objectivos maiores.

iv. Aprendizagem e apoio personalizados: O estilo de aprendizagem, a formação e as aspirações de cada mentorando são únicos. O plano de tutoria deve incorporar vários métodos de aprendizagem (por exemplo, prática prática, workshops, aprendizagem teórica) para satisfazer as necessidades do mentorando. Além disso, o mentor deve fornecer apoio emocional e motivacional ao longo de todo o percurso.

v. Feedback e avaliação: O feedback e a avaliação regulares ajudam a aperfeiçoar o plano de tutoria e a garantir que tanto o tutor como o tutorado se mantêm alinhados. O feedback construtivo capacita o mentorando a melhorar continuamente e a manter-se no caminho certo.

5.4 Fases do percurso de tutoria: Integração, desenvolvimento e crescimento

O percurso do mentor pode ser dividido em três fases principais: integração, desenvolvimento e crescimento. Cada fase desempenha um papel crucial no sucesso global do processo de mentoria.

Fase 1: Integração

A fase de integração estabelece as bases para a relação de tutoria. Durante esta fase, o mentor e o mentorando conhecem-se, estabelecem confiança e clarificam as expectativas.

As actividades importantes durante a fase de integração incluem:

i. Orientação: Apresentar ao mentorando a estrutura e os objectivos do programa de mentoria, bem como delinear o papel e as responsabilidades do mentor.
ii. Construção de relações: O desenvolvimento de uma relação entre o mentor e o mentorando é fundamental. Isto envolve uma comunicação aberta, exercícios de construção de confiança e a definição do tom para uma parceria honesta e colaborativa.
iii. Esclarecer os papéis e as expectativas: Tanto o mentor como o mentorando devem ter uma compreensão clara dos seus respectivos papéis na relação de mentoria. As expectativas em relação ao compromisso de tempo, frequência de reuniões, estilo de comunicação e responsabilidade devem ser claramente definidas.
iv. A fase de integração estabelece as bases para uma relação de mentoria produtiva e gratificante, assegurando que tanto o mentor como o mentorando estão alinhados nos seus objectivos e expectativas.

Fase 2: Desenvolvimento

A fase de desenvolvimento é o núcleo da jornada de mentoria, onde o mentorando se envolve no processo de aprendizagem, crescimento e alcance de marcos definidos. Esta fase é caracterizada por:

i. Desenvolvimento de competências: O mentorado trabalha em estreita colaboração com o mentor para adquirir novas competências, expandir os seus conhecimentos e ultrapassar desafios. Isto pode envolver actividades práticas, workshops e exposição a novas ideias e práticas no agronegócio.
ii. Realização de marcos: O mentor ajuda o mentorando a atingir as metas mais pequenas delineadas no plano de mentoria personalizado. Estes marcos servem como pontos de controlo que validam o progresso do mentorando e o motivam a continuar a avançar.
iii. Feedback regular: Ao longo da fase de desenvolvimento, o mentor fornece feedback contínuo para ajudar o mentorando a ajustar a sua abordagem, a ultrapassar obstáculos e a ganhar confiança nas suas capacidades.
iv. A fase de desenvolvimento é um período dinâmico de aprendizagem e crescimento, impulsionado pela colaboração ativa entre o mentor e o mentorando.

É durante esta fase que o mentorado começa a ver melhorias tangíveis nos seus empreendimentos agro-industriais.

Fase 3: Crescimento

A fase de crescimento significa o culminar da jornada de mentoria, em que o mentorado alcançou um progresso significativo e está pronto para assumir um maior controlo do seu agronegócio. Esta fase envolve:

i. Avaliação do progresso: Juntos, o mentor e o mentorado reflectem sobre as realizações alcançadas ao longo do processo de mentoria. Revêem os objectivos iniciais e avaliam o grau de desenvolvimento do mentorando em termos de competências, confiança e sucesso empresarial.

ii. Celebração do sucesso: Celebrar o crescimento e as conquistas do mentorando é uma parte importante desta fase. Não só reforça o valor da tutoria, como também proporciona uma sensação de realização e motivação para que o mentorando continue a destacar-se.

iii. Planeamento para o futuro: Nesta fase, o mentor ajuda o mentorando a planear o futuro, concentrando-se na sustentabilidade e no sucesso a longo prazo. O mentorando é encorajado a pegar nas lições aprendidas e aplicá-las de forma independente, ao mesmo tempo que considera como pode contribuir para o crescimento de outros através da mentoria no futuro.

iv. A fase de crescimento significa que o mentorado está pronto para avançar com mais confiança, competências e uma base sólida para um sucesso contínuo no sector do agronegócio.

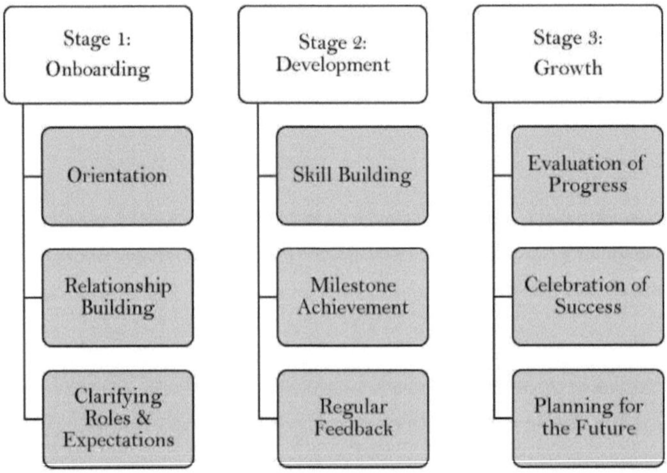

Figura 6.2: Fases do percurso de tutoria: Integração, desenvolvimento e crescimento

6.6 Avaliação

1. Qual é a primeira etapa do processo de tutoria?

a) Avaliação

b) Desenvolvimento

c) Integração

d) Comunicação

e) Execução

2. Qual dos seguintes é um critério fundamental para a seleção de mentorados?

a) Estabilidade financeira

b) Empenho na aprendizagem

c) Rentabilidade das empresas

d) Parcerias existentes

e) Presença nas redes sociais

3. Qual é o objetivo de um plano de orientação personalizado?

a) Para garantir que todos os mentorados tenham experiências idênticas

b) Adaptar o programa aos objectivos únicos do mentorando

c) Aumentar a visibilidade do mentor

d) Para automatizar o processo de orientação

e) Normalizar as expectativas dos mentores

4. Em que fase da tutoria é que o feedback é mais importante?

a) Integração

b) Crescimento

c) Planeamento

d) Desenvolvimento

e) Avaliação

5. Qual é um desafio comum durante a fase de integração?

a) Falta de objectivos

b) Expectativas não correspondidas

c) Baixo financiamento

d) Poucas competências de orientação

e) Flutuações do mercado

6. O que deve ser incluído no plano de desenvolvimento de um mentorando?

a) Projecções financeiras

b) Objectivos a longo e a curto prazo

c) Estratégias de marketing

d) Máquinas agrícolas

e) Seguro agrícola

7. Qual das seguintes opções é crucial para o sucesso do processo de tutoria

a) Estabelecer objectivos claros

b) Aumento do volume de produção

c) Alterar a localização do mentorando

d) Reduzir a comunicação

e) Evitar o feedback

8. Em que altura do percurso de mentoria se dá ênfase ao crescimento?

a) Integração

b) Execução

c) Avaliação

d) Desenvolvimento

e) Expansão

9. Qual é o principal objetivo durante a fase de crescimento da tutoria?

a) Aquisição de fundos

b) Dimensionamento das operações comerciais

c) Revisão dos fracassos do passado

d) Diminuição da dimensão da exploração

e) Estabelecimento de parcerias

10. A execução da tutoria envolve qual das seguintes acções?

a) Identificação dos riscos financeiros

b) Teste de novas tecnologias

c) Implementar o plano de tutoria acordado

d) Comercializar a atividade do mentor

e) Garantir a conformidade fiscal

6.7 Ler mais

Murdock, A. (2005). Um Guia Prático para o Mentoring: The Importance of Mentee Selection. International Journal of Training and Development, 9(4), 297-305.

Hobson, J. A., et al. (2009). Mentoring and Being Mentored: A Review of the Literature. International Journal of Mentoring and Coaching in Education, 1(1), 1-14.

Capítulo 7: Desenvolvimento de competências na tutoria agroindustrial

"Os agricultores são os guardiães da segurança alimentar da nossa nação. Com orientação e os recursos certos, eles podem impulsionar a economia e sustentar milhões de pessoas."

Mallam Kabiru Ibrahim *(Presidente Nacional, All Farmers Association of Nigeria)*

7.1 Um encontro com o Prof. Kazeem Alagbe Gbolagade: A Mentoria que Mudou o Meu Caminho

Era uma tarde de sol quando dei por mim a entrar no gabinete do vice-reitor da Universidade Ahman Pategi. O Prof. Gbolagade sempre foi uma figura de imenso respeito no campus, conhecido pela sua sabedoria, pelo seu profundo empenhamento na educação e pela sua liderança visionária. Concordou em orientar-me enquanto eu procurava encontrar um equilíbrio entre a expansão do meu agronegócio e a progressão da minha carreira. Embora eu tivesse alcançado algum sucesso no campo, sabia que precisava de orientação para levar as coisas para o próximo nível. Quando me sentei à frente dele, senti um misto de entusiasmo e nervosismo. Ali estava um homem cujos conselhos tinham moldado tantas vidas e, agora, eu tinha a sorte de receber os seus conselhos.

Depois de alguns cumprimentos, o Prof. Gbolagade recostou-se na cadeira, com um olhar bondoso mas cheio de sabedoria, e perguntou: "Então, diga-me, onde se vê nos próximos cinco anos?"

Hesitei, não porque não tivesse sonhos, mas porque não sabia bem como os articular. "Quero fazer crescer o meu agronegócio", comecei, "mas, ao mesmo tempo, quero continuar a desenvolver a minha carreira no ensino do agronegócio e na orientação de jovens. Parece que ambos os caminhos estão a puxar-me em direcções diferentes."

O Prof. Gbolagade sorriu com conhecimento de causa. "Os dois não são tão diferentes como parecem", disse ele. "De facto, complementam-se uma à outra. Mas para ser verdadeiramente bem sucedido, terá de adquirir um conjunto diversificado de competências - competências que lhe permitirão integrar tanto o seu negócio como a sua paixão pela orientação". Fez uma pausa e depois acrescentou: "Deixem-me dizer-vos uma coisa importante. A chave para aumentar a escala não é apenas expandir as suas operações; é expandir-se a si próprio".

Estas palavras tocaram-me profundamente. Prosseguiu explicando que, no mundo atual, os empresários agrícolas de sucesso não são apenas agricultores; são líderes, educadores e inovadores. Encorajou-me a diversificar a minha base de conhecimentos, a não me concentrar apenas nos aspectos técnicos da agricultura, mas também a desenvolver as competências transversais necessárias para liderar e gerir pessoas, comunicar eficazmente e adotar a tecnologia.

"Gbolagade, "mas a visão por si só não é suficiente. É preciso estar equipado com as ferramentas para transformar essa visão em realidade. Pense em como pode tirar partido das ferramentas digitais, como pode utilizar os dados para tomar decisões informadas, como pode melhorar a sua gestão financeira e as suas estratégias de marketing. Estas são as competências que o ajudarão a expandir-se."

De seguida, partilhou algumas das suas próprias experiências. No início da sua carreira, também ele enfrentou desafios para equilibrar o seu trabalho académico e as suas responsabilidades administrativas. Mas só quando fez um esforço deliberado para adquirir novas competências - desde a formação em liderança até à literacia digital - é que conseguiu destacar-se verdadeiramente. As suas palavras despertaram algo em mim. Apercebi-me de que, apesar de estar a trabalhar arduamente, estava demasiado concentrado na parte operacional do meu negócio e não tinha dedicado tempo a aperfeiçoar-me como líder e empresário. O conselho do Prof. Gbolagade foi uma chamada de atenção.

Discutimos algumas medidas práticas que eu poderia tomar. Ele recomendou cursos online e certificações em gestão de negócios, marketing e ferramentas digitais. Sugeriu até que eu participasse em workshops sobre liderança e planeamento estratégico, competências que me seriam úteis não só no meu agronegócio, mas também na orientação da próxima geração de empresários agrícolas.

"A expansão do seu negócio começa com a expansão de si próprio", repetiu. "Se investir em si próprio, tudo o resto virá a seguir." Quando a nossa sessão terminou, senti uma enorme sensação de clareza e orientação. O Prof. Gbolagade não só me tinha aconselhado sobre passos práticos, como também tinha mudado a minha mentalidade. Gbolagade não só me aconselhou sobre passos práticos, como também mudou a minha mentalidade. Fez-me perceber que a orientação não é apenas aprender com outra pessoa; é também crescer internamente e adquirir as competências necessárias para manifestar todo o nosso potencial.

Nos meses seguintes, levei o seu conselho a sério. Inscrevi-me em cursos online, participei em workshops e até contratei um treinador para me ajudar no desenvolvimento da liderança. À medida que me tornava mais confiante nas minhas novas competências, notei um impacto imediato no meu negócio. A minha equipa tornou-se mais coesa, as minhas estratégias de marketing tornaram-se mais direcionadas e comecei a explorar plataformas digitais para chegar a um público mais vasto.

À medida que as minhas competências se expandiam, o mesmo acontecia com o meu negócio agrícola. Consegui criar novas parcerias, entrar em mercados anteriormente inacessíveis e otimizar as minhas operações. Mas o mais importante é que me tornei um mentor mais eficaz. Tinha as ferramentas para orientar outras pessoas nas suas jornadas de agronegócio, tal como o Prof. Gbolagade me tinha orientado. Olhando agora para trás, apercebo-me de que o meu encontro com o Prof. Gbolagade foi um ponto de viragem. Gbolagade foi um ponto de viragem. A sua orientação não só me ajudou a expandir o meu negócio, como também transformou a forma como eu encarava a minha carreira e a minha vida no seu todo. Ao encorajar-me a investir em mim próprio, deu-me as bases para construir não só um agronegócio de sucesso, mas também um legado de liderança e orientação que espero transmitir a outros.

7.1 Mentoria em competências e inovação no sector agroindustrial

Um dos principais objectivos do Agribusiness Mentorship é dotar os mentorados das competências essenciais necessárias para serem bem sucedidos no sector do agronegócio. O desenvolvimento destas competências não só aumenta a sua capacidade de gerir e desenvolver os seus agronegócios, como também promove a inovação e a adaptabilidade num sector em constante evolução. Este capítulo descreve as competências essenciais necessárias para os empresários agrícolas, a importância das competências digitais e o valor da formação prática.

7.2 Competências essenciais para empresários agrícolas: Liderança, literacia financeira e marketing

Os empresários agrícolas necessitam de um conjunto diversificado de competências para enfrentar os desafios do sector agroindustrial e aproveitar as oportunidades de crescimento. Entre as competências mais importantes contam-se a liderança, a literacia financeira e o marketing. O domínio destas competências essenciais garante que os empresários agrícolas estão bem preparados para lidar com as complexidades das suas empresas e conduzi-las ao sucesso.

i. Competências de liderança: A liderança é a pedra angular de qualquer empresa agroindustrial de sucesso. Os mentorados devem desenvolver fortes qualidades de liderança para inspirar, gerir e dirigir as suas equipas de forma eficaz. As competências de liderança permitem aos empresários agrícolas tomar decisões estratégicas, criar uma visão para os seus negócios e cultivar uma cultura organizacional positiva. Isto inclui o desenvolvimento de inteligência emocional, capacidades de resolução de conflitos e competências motivacionais para orientar os seus negócios para o crescimento.

ii. Literacia financeira: Uma boa compreensão da gestão financeira é crucial para a sustentabilidade e a rentabilidade de qualquer negócio agrícola. Os mentorados devem estar equipados com competências de literacia financeira, tais como orçamentação, planeamento financeiro, gestão de fluxos de caixa e análise de investimentos. Estas competências ajudam os empresários agrícolas a tomar decisões informadas sobre a afetação de recursos, o controlo de custos e a expansão das suas operações. A literacia financeira também inclui a compreensão de empréstimos, crédito, poupança e estratégias de gestão de risco.

iii. Competências de marketing: O marketing é essencial para promover produtos e serviços agro-industriais, alcançar novos clientes e expandir-se para novos mercados. Os mentorados precisam de compreender a pesquisa de mercado, o comportamento do consumidor, a marca, as estratégias de preços e as técnicas de vendas. A criação de campanhas de marketing eficazes e a utilização de vários canais (por exemplo, redes sociais, meios de comunicação tradicionais, boca-a-boca) ajudam os empresários agrícolas a aumentar a sua base de clientes e a aumentar as receitas. Além disso, os empresários agrícolas modernos devem também concentrar-se nas estratégias de marketing digital, que são vitais para a vantagem competitiva.

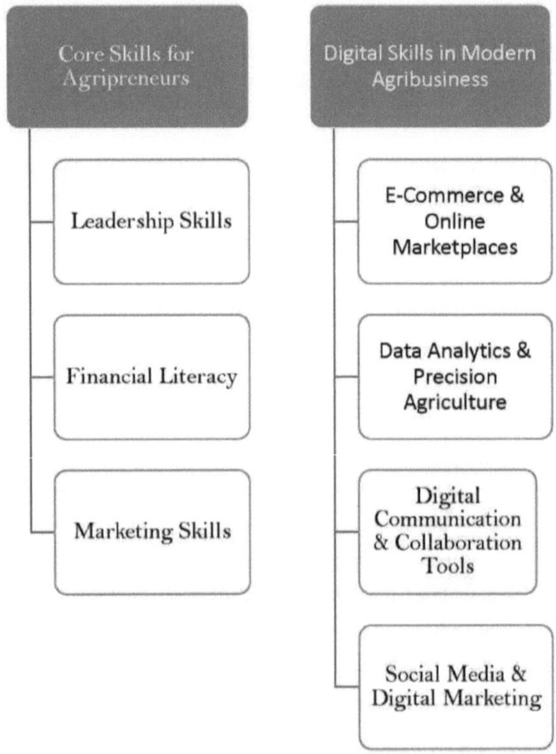

Figura 7.1: Principais competências dos empresários agrícolas e do agronegócio

7.3 Competências digitais na agroindústria moderna

No mundo cada vez mais digital de hoje, as competências digitais estão a tornar-se indispensáveis para os empresários agrícolas. A integração da tecnologia nas operações agro-industriais não só aumenta a produtividade como também abre novas oportunidades de crescimento e inovação.

i. Comércio eletrónico e mercados em linha: Os empresários agrícolas devem saber como tirar partido das plataformas de comércio eletrónico e dos mercados em linha para vender os seus produtos e serviços. Isto inclui aprender a criar lojas em linha, a gerir transacções em linha e a utilizar sistemas de pagamento digital. As competências digitais também permitem que os empresários agrícolas comercializem os seus produtos a nível global, alcancem um público mais vasto e expandam os seus negócios para além dos mercados locais.

ii. Análise de dados e agricultura de precisão: A utilização de dados e análises no agronegócio permite aos empresários agrícolas tomar decisões baseadas em dados que optimizam a produtividade e a gestão de recursos. Compreender como analisar dados relacionados com o desempenho das culturas, padrões climáticos e tendências de mercado ajuda os empresários agrícolas a melhorar as suas operações e a reduzir os riscos. A agricultura de precisão, que se baseia em dados e tecnologia como drones, GPS e sensores, permite que os empresários agrícolas maximizem os rendimentos, minimizando insumos como água e fertilizantes.

iii. Ferramentas de comunicação digital e de colaboração: Com o aumento do trabalho remoto e da colaboração virtual, os empresários agrícolas devem tornar-se competentes na utilização de ferramentas de comunicação digital, como o correio eletrónico, a videoconferência e as plataformas de gestão de projectos. Estas ferramentas facilitam a comunicação entre os membros da equipa, fornecedores e clientes, mesmo quando estão geograficamente dispersos.

iv. Redes sociais e marketing digital: As competências digitais em gestão de redes sociais e marketing digital são cruciais para promover os agronegócios em linha. Os empresários agrícolas devem saber criar conteúdos cativantes, gerir campanhas nas redes sociais e utilizar análises para avaliar a eficácia dos seus esforços de marketing. As plataformas de redes sociais, como o Facebook, o Instagram e o LinkedIn, oferecem ferramentas valiosas para a construção de marcas, o envolvimento dos clientes e a promoção das vendas.

7.4 Formação prática e experiência prática

Embora o conhecimento teórico seja importante, a experiência prática é essencial para dominar as competências necessárias no sector do agronegócio. A formação prática dá aos mentorados a oportunidade de aplicar os conhecimentos adquiridos e desenvolver a confiança nas suas capacidades.

i. Visitas de campo e experiências na exploração agrícola: Uma das formas mais eficazes de formação prática é a realização de visitas de campo e experiências na exploração agrícola. Os mentorados podem aprender em primeira mão como implementar as melhores práticas de gestão de culturas, cuidados com o gado, utilização de equipamento e técnicas agrícolas sustentáveis. Estas experiências oferecem uma visão inestimável das realidades do sector agrícola e permitem aos mentorados experimentar diferentes métodos e tecnologias.

ii. Workshops e demonstrações: A participação em workshops e demonstrações proporciona aos mentorados conhecimentos práticos sobre tópicos específicos, tais como gestão do solo, técnicas de irrigação, controlo de pragas e processamento de alimentos. Estas sessões permitem aos mentorados observar e praticar técnicas sob a orientação de profissionais experientes.

iii. Aprendizagens e estágios: Oferecer aprendizagens e estágios é outra forma de proporcionar aos mentorados experiência prática no sector do agronegócio. Estas oportunidades permitem que os mentorados trabalhem ao lado de empresários agrícolas ou profissionais do sector, ganhando experiência prática nas operações diárias, na resolução de problemas e nos processos de tomada de decisões em cenários reais.

iv. Simulações de agronegócios e estudos de caso: As simulações e os estudos de caso proporcionam um ambiente sem riscos para os mentorandos praticarem as suas competências. As simulações agro-industriais imitam os desafios da vida real que os empresários agrícolas enfrentam, permitindo aos mentorados testar as suas capacidades de tomada de decisões e receber feedback dos mentores. A análise de estudos de caso de empresas agro-industriais bem sucedidas aumenta ainda mais a compreensão prática, explorando as estratégias que levaram ao seu sucesso.

v. A formação prática não só aprofunda os conhecimentos dos mentorados sobre o agronegócio, como também os capacita a tomar iniciativas, a tomar decisões informadas e a gerir com confiança as suas empresas. Esta aprendizagem experimental é um aspeto fundamental do seu percurso de mentoria.

vi. Dotar os mentorandos de uma base sólida em termos de liderança, literacia financeira, marketing, competências digitais e experiência prática garante que estão bem preparados para navegar no sector do agronegócio. Ao centrar-se nestas áreas de competências essenciais, o Agribusiness Mentorship Scheme capacita os mentorados para se tornarem empresários agrícolas inovadores, adaptáveis e bem sucedidos.

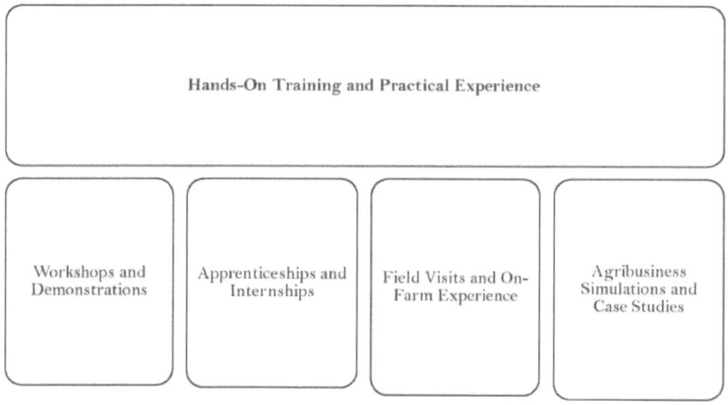

Figura 7.2: Formação prática e experiência prática

7.6 Avaliação

1. Qual das seguintes opções é considerada uma competência essencial para os empresários agrícolas?

a) Falar em público

b) Liderança

c) Design gráfico

d) Contabilidade

e) Programação

2. Porque é que a literacia financeira é essencial na agroindústria?

a) Para contratar melhores empregados

b) Gerir eficazmente as despesas da exploração

c) Atrair investidores

d) Aumentar os orçamentos de marketing

e) Expandir a presença digital

3. Que papel desempenha o marketing na agroindústria?

a) Reduz o rendimento das culturas

b) Promove a visibilidade da empresa e as vendas

c) Determina a dimensão da exploração

d) Evita a infestação por parasitas

e) Elimina a necessidade de corretores

4. Que competência é cada vez mais vital devido à ascensão do agronegócio digital?

a) Carpintaria

b) Negociação

c) Literacia digital

d) Trabalho manual

e) Rotação das culturas

5. Qual é a importância da formação prática na agroindústria?

a) Reduz a dimensão da exploração agrícola

b) Assegura a aplicação prática dos conceitos aprendidos

c) Garante a estabilidade financeira

d) Elimina a necessidade de tutoria

e) Aumenta a propriedade da terra

6. Qual das seguintes opções é um exemplo de liderança no agronegócio?

a) Seguir as tendências do mercado

b) Gerir uma equipa de trabalhadores agrícolas

c) Redução das variedades de culturas

d) Evitar riscos

e) Ignorar os conselhos externos

7. Que papel desempenha a inovação na agroindústria moderna?

a) Diminui a dimensão da exploração

b) Introduz novos métodos e tecnologias para a eficiência

c) Garante a saúde das culturas

d) Elimina a concorrência

e) Limita o alcance do mercado

8. Qual é a vantagem de adquirir competências digitais no sector do agronegócio?

a) Reduz o custo da mão de obra

b) Aumenta a presença em linha e as oportunidades de venda

c) Minimiza a utilização do solo

d) Limita o acesso à tecnologia

e) Elimina as queixas dos clientes

9. Na orientação do agronegócio, que competência ajuda a construir relações duradouras com os clientes?

a) Comunicação

b) Resolução de problemas

c) Gestão do risco

d) Relatórios financeiros

e) Ligação em rede

10. O que é uma estratégia de marketing essencial para os empresários agrícolas?

a) Diversificação das culturas

b) Publicidade nas redes sociais

c) Criar um grande inventário

d) Reduzir os custos de mão de obra

e) Alargamento da propriedade fundiária

7.5 Ler mais

OCDE-FAO. (2016). Perspectivas Agrícolas 2016-2025. Publicação da OCDE.

Iizuka, M., & Kato, H. (2017). Desenvolvendo habilidades de liderança por meio de programas de treinamento em agronegócios. Journal of Leadership Studies, 11(1), 62-76.

Capítulo 8: Mentoria e crescimento empresarial

"A Nigéria tem a capacidade de se alimentar a si própria e de se tornar uma potência agrícola mundial. A tutoria é essencial para desenvolver as competências necessárias para atingir este objetivo."

***Aminu Goronyo** (Presidente da Associação de Produtores de Arroz da Nigéria)*

8.1 Expandir o meu alcance: O impacto do apoio da HP Africa

Estávamos no verão de 2023 e eu encontrava-me na Cimeira Nacional da YALI em Abuja. A atmosfera era eléctrica - centenas de jovens líderes africanos tinham-se reunido para partilhar ideias, colaborar e apresentar os seus projectos transformadores. Há meses que me preparava para apresentar o meu agronegócio, na esperança de obter apoio para ajudar a expandir as minhas operações e chegar a um público mais vasto. A minha agroindústria tinha crescido de forma constante ao longo dos anos, mas eu sabia que havia um potencial inexplorado se tivesse as ferramentas certas para aumentar a minha produtividade e marketing.

Quando finalmente chegou a minha vez de apresentar, tudo parecia estar a correr bem até que tive uma falha súbita na rede. Na altura, o meu portátil era velho, lento e pouco fiável, e tinha-me deixado ficar mal no pior momento possível. Senti uma onda de pânico no meu peito. Aqui estava eu, num dos momentos mais importantes da minha carreira, e a minha apresentação estava em risco de falhar devido a dificuldades técnicas. Mas quando eu estava prestes a perder a esperança, um representante da HP África interveio para ajudar.

Depois de ouvir os meus desafios, o representante ouviu a minha história e ficou impressionado com a visão do meu negócio agrícola. A HP África ofereceu-me graciosamente um novo portátil de alto desempenho como gesto de apoio aos meus esforços. No momento em que segurei aquele portátil elegante e moderno nas mãos, soube que as coisas estavam prestes a mudar.

De volta a casa, armado com o novo portátil, comecei imediatamente a implementar mudanças. O primeiro passo foi renovar toda a minha estratégia de marketing. O portátil permitiu-me conceber conteúdos visualmente apelativos, criar apresentações profissionais e, acima de tudo, otimizar as minhas operações digitais. Comecei a realizar campanhas de marketing digital, chegando a potenciais clientes através de anúncios direcionados, divulgação nas redes sociais e um sítio Web recentemente redesenhado que apresentava os meus produtos e serviços.

A velocidade e o desempenho do computador portátil fizeram com que as tarefas que antes demoravam horas passassem a ser fáceis. Consegui gerir os dados da minha exploração agrícola de forma mais eficaz, garantindo um acompanhamento preciso dos meus produtos desde o cultivo até à distribuição. Além disso, pude aceder a informações em tempo real sobre as tendências do mercado, o que me permitiu tomar decisões informadas rapidamente. Esta agilidade permitiu-me entrar em novos mercados que não tinha considerado antes.

Com as funcionalidades avançadas do computador portátil, também tirei o máximo partido das plataformas de comércio eletrónico. Coloquei os produtos da minha quinta em várias redes de agro-negócios, estabelecendo contactos com grossistas e retalhistas de todo o país. Isto abriu a porta a novas parcerias e expandiu a minha base de clientes para além da minha localidade imediata.

Nos meses que se seguiram, assisti a uma mudança significativa na minha atividade. O meu alcance aumentou exponencialmente e começaram a chegar encomendas de toda a Nigéria e até de países vizinhos. Onde antes eu tinha dificuldade em fazer chegar os meus produtos a um público mais vasto, agora tinha um fluxo constante de pedidos de informação e vendas. Os materiais de marketing melhorados e as apresentações profissionais que desenvolvi ajudaram-me a garantir novos financiamentos e o meu negócio agrícola cresceu a um ritmo acelerado.

Mas o impacto não foi apenas financeiro. Com este novo sucesso, pude reinvestir na minha comunidade. Contratei mais trabalhadores, apoiei pequenos agricultores locais integrando os seus produtos na minha cadeia de abastecimento e contribuí para iniciativas de segurança alimentar em zonas rurais. O meu negócio tinha-se tornado mais do que um empreendimento pessoal - era uma força de mudança positiva, ajudando a elevar os outros à minha volta.

O apoio da HP África deu-me o impulso de que precisava quando estava prestes a perder uma oportunidade importante. Aquele portátil não era apenas uma ferramenta - tornou-se a ponte que me ligou a novos mercados, me deu poder para fazer crescer o meu negócio e me permitiu afetar mais vidas através do meu agronegócio.

Ao refletir sobre esse momento crucial na Cimeira Nacional da YALI, apercebo-me de como algo tão simples como um portátil fiável pode fazer toda a diferença no mundo. É um lembrete de que, com as ferramentas e o apoio certos, até os obstáculos mais difíceis podem ser ultrapassados. O que começou como uma pequena quinta transformou-se agora numa próspera empresa agrícola com impacto a nível nacional, e tudo começou com um ato de generosidade oportuno da HP África.

8.2 Crescimento e Sustentabilidade do Agronegócio

A tutoria desempenha um papel fundamental no crescimento e na sustentabilidade dos agronegócios. À medida que os mentorados adquirem conhecimentos, competências e perspectivas práticas através dos seus mentores, ficam mais bem equipados para gerir, expandir e inovar nas suas empresas. Este capítulo explora a forma como a tutoria promove o crescimento do negócio, o impacto da tutoria na sustentabilidade do agronegócio, as estratégias de expansão e expansão e a integração da inovação e da tecnologia.

8.3 Impacto da tutoria na sustentabilidade do agronegócio

A sustentabilidade é um aspeto crucial de qualquer negócio, particularmente no agronegócio, onde a rentabilidade a longo prazo está ligada à gestão ambiental, à gestão de recursos e à adaptabilidade à mudança. Os programas de mentoria, como o Agribusiness Mentorship Scheme, oferecem aos mentorados as ferramentas, os conhecimentos e a mentalidade necessários para criar empresas sustentáveis.

i. Práticas sustentáveis: Os mentores ajudam os mentorados a adotar práticas agrícolas sustentáveis que reduzem o desperdício, conservam os recursos e minimizam o impacto ambiental. Isto inclui estratégias para uma utilização eficiente da água, conservação do solo, agricultura biológica e a integração de fontes de energia renováveis nas operações agro-industriais. Ao adoptarem a sustentabilidade, os mentorados asseguram a longevidade e a saúde das suas explorações agrícolas, ao mesmo tempo que se alinham com as tendências globais de uma agricultura ambientalmente consciente.
ii. Resiliência e gestão de riscos: Através da orientação, os mentorados aprendem a criar resiliência contra vários riscos, como as alterações climáticas, as flutuações do mercado e as recessões económicas. Os mentores orientam-nos sobre a forma de diversificar os fluxos de rendimento, gerir os riscos financeiros e implementar medidas de adaptação que garantam a estabilidade das suas empresas face à

incerteza. Esta preparação aumenta a sua capacidade para recuperar de contratempos e manter as operações mesmo em tempos difíceis.

iii. Visão e planeamento a longo prazo: A tutoria ajuda os empresários agrícolas a concentrarem-se na visão a longo prazo e no planeamento estratégico. Os mentorados são encorajados a definir objectivos claros e realistas para o futuro das suas empresas e a desenvolver planos de ação para os alcançar. Esta abordagem de visão de futuro contribui para a continuidade do negócio e prepara os mentorados para navegar na paisagem em evolução do agronegócio, mantendo-se competitivos.

O processo de mentoria reforça os alicerces das empresas agro-industriais, incutindo-lhes práticas sustentáveis e resiliência, garantindo assim que os mentorados possam prosperar e crescer a longo prazo.

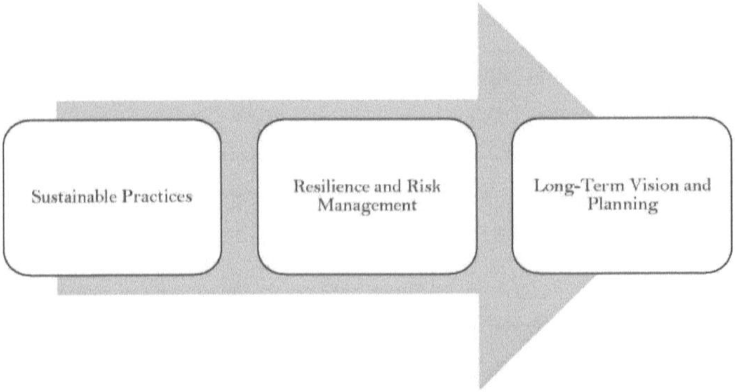

Figura 8.1: Impacto da tutoria na sustentabilidade do agronegócio

8.4 Dimensionamento e Expansão de Agronegócios através de Mentoria

Um dos principais benefícios da mentoria é a capacidade de dimensionar e expandir os agronegócios de forma eficaz. Os mentores oferecem aos mentorados a orientação e os conhecimentos necessários para ultrapassar os desafios comuns associados ao crescimento, tais como a gestão de recursos, a expansão do mercado e a eficiência operacional.

i. Estratégias de crescimento: Os mentores ajudam os mentorados a desenvolver estratégias de crescimento que se alinham com os seus objectivos empresariais. Isto pode envolver a expansão para novos mercados, o aumento da capacidade de produção ou a diversificação da oferta de produtos. A tutoria ajuda os empresários agrícolas a identificar oportunidades de crescimento, tais como a exploração de nichos de mercado ou a criação de parcerias com intervenientes locais e internacionais.

ii. Acesso a mercados e redes: A tutoria frequentemente abre portas para redes valiosas e oportunidades de acesso a mercados. Os mentores, com a sua vasta experiência e ligações, ajudam os mentorados a estabelecer relações com compradores, distribuidores, investidores e outros profissionais do agronegócio. Esta rede alargada permite que os mentorados aumentem as suas operações, assegurem contratos e expandam a sua base de clientes.

iii. Financiamento e planeamento financeiro: A expansão de uma empresa requer um planeamento financeiro cuidadoso e, frequentemente, financiamento externo. Os mentores orientam os mentorados no processo de obtenção de empréstimos, subsídios ou investimentos. Dão conselhos sobre gestão financeira, incluindo como reinvestir os lucros para crescer e otimizar o fluxo de caixa para apoiar a expansão. Os mentorados também beneficiam do facto de aprenderem a criar planos de negócios e modelos financeiros convincentes que atraem potenciais investidores ou parceiros.

iv. Eficiência operacional e produtividade: À medida que os agronegócios crescem, manter a eficiência operacional torna-se fundamental. Os mentores ajudam os mentorados a racionalizar os seus processos, a adotar tecnologias eficientes e a implementar sistemas de gestão que aumentem a produtividade. A expansão requer um equilíbrio entre o crescimento e a capacidade operacional, e os mentores desempenham um papel vital para ajudar os empresários agrícolas a alcançar este equilíbrio.

Através da orientação, as empresas agro-industriais podem crescer de forma sustentável e estratégica, assegurando que o crescimento é gerível, rentável e alinhado com a sua visão a longo prazo.

8.5 Inovação e Integração Tecnológica no Agronegócio

A inovação e a tecnologia estão a revolucionar o agronegócio, fornecendo novas ferramentas e métodos para aumentar a produtividade, reduzir custos e criar práticas agrícolas mais sustentáveis. A tutoria ajuda os mentorados a adotar a inovação e a integrar a tecnologia nas suas empresas para se manterem competitivos e preparados para o futuro.

i. Adoção de soluções AgriTech: Os mentores orientam os mentorados na adoção de soluções AgriTech de ponta, como a agricultura de precisão, maquinaria automatizada, sistemas de monitorização baseados na IoT e ferramentas de análise de dados. Estas tecnologias permitem aos empresários agrícolas otimizar os seus recursos, aumentar os rendimentos e reduzir as ineficiências operacionais. Por exemplo, a agricultura de precisão permite que os agricultores monitorizem as condições do solo, a saúde das culturas e os padrões climáticos em tempo real, conduzindo a uma tomada de decisões mais informada.

ii. Transformação digital: Na era digital atual, os empresários agrícolas devem adotar ferramentas digitais para simplificar as operações, melhorar o marketing e interagir com os clientes. Os mentores ajudam os mentorados a desenvolver a literacia digital, orientando-os na utilização de plataformas de comércio eletrónico, redes sociais e ferramentas de comunicação digital para melhorar o alcance e a eficiência do seu negócio. Além disso, a digitalização das cadeias de abastecimento e da logística tornou-se crucial para reduzir os custos e melhorar os prazos de entrega.

iii. Modelos de negócio inovadores: A tutoria fomenta a criatividade e incentiva os tutorados a explorar modelos de negócio inovadores que perturbem as práticas tradicionais do agronegócio. Isto pode incluir vendas diretas ao consumidor, serviços baseados em subscrição ou empreendimentos de agroturismo. Os mentores inspiram os mentorandos a pensar de forma inovadora, a tirar partido das novas tendências e a diferenciarem-se no mercado oferecendo propostas de valor únicas.

iv. Inovação orientada para a sustentabilidade: A inovação também é fundamental para a sustentabilidade. Os mentores incentivam os mentorados a experimentar tecnologias e práticas ecológicas que minimizem os resíduos, reduzam a pegada de carbono e contribuam para uma economia circular. Inovações como a agricultura vertical, a hidroponia e a integração de energias renováveis oferecem soluções para os desafios ambientais, assegurando simultaneamente o crescimento do negócio.

A tutoria é um catalisador para o crescimento do negócio, fornecendo aos empresários agrícolas as ferramentas, estratégias e mentalidade necessárias para alcançar uma expansão sustentável. Ao integrar a inovação e a tecnologia, os mentorados não só expandem as suas empresas, como também preparam as suas operações para o futuro, garantindo o sucesso a longo prazo no dinâmico sector do agronegócio.

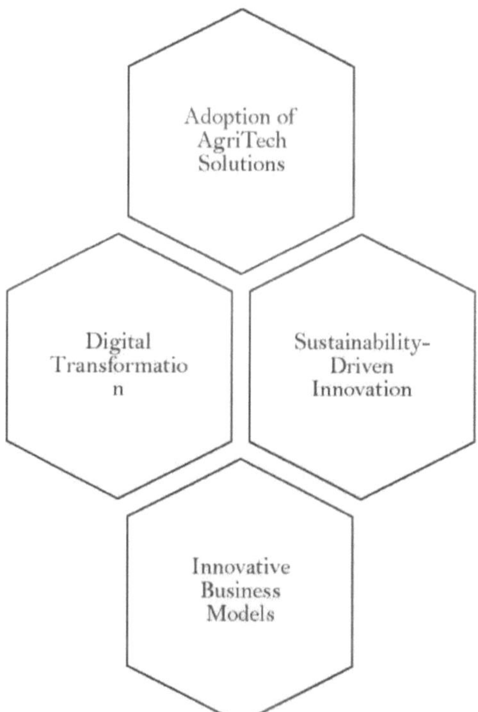

Figura 8.2: Inovação e Integração Tecnológica no Agronegócio

8.6 Avaliação

1. Qual dos seguintes é um benefício direto da tutoria no agronegócio?

a) Acesso reduzido ao mercado

b) Melhoria da gestão financeira

c) Aumento dos impostos

d) Diminuição da produção

e) Diminuição das vendas

2. Como é que a mentoria contribui para a inovação no agronegócio?

a) Desincentivando as novas tecnologias

b) Ao concentrar-se em métodos ultrapassados

c) Ao promover soluções criativas e a integração de tecnologias modernas

d) Reduzindo as despesas operacionais

e) Evitando a experimentação

3. Que papel desempenha a orientação na expansão das operações do agronegócio?

a) Diminui a eficiência operacional

b) Introduz novos mercados e oportunidades de negócio

c) Impede a expansão das empresas

d) Aumenta a dependência de recursos externos

e) Limita a inovação

4. Qual das seguintes é uma área importante de crescimento que a tutoria aborda?

a) Redução de efectivos

b) Redução da rendibilidade

c) Expansão das linhas de produtos e serviços

d) Diminuição da clientela

e) Âmbito de mercado limitado

5. A tutoria melhora a sustentabilidade da empresa ao

a) Reduzir a dimensão das operações

b) Promover a visão a longo prazo e o planeamento estratégico

c) Limitar a adoção de tecnologias

d) Diminuição da penetração no mercado

e) Concentração exclusiva nos lucros a curto prazo

6. Um desafio que os agronegócios enfrentam sem orientação é:

a) Falta de acesso ao mercado

b) Sucesso imediato

c) Sobreexpansão

d) Melhoria da satisfação do cliente

e) Aumento da inovação

7. A tutoria pode ajudar as empresas agro-industriais a melhorar:

a) Lucros imediatos sem crescimento a longo prazo

b) Gestão de riscos e estratégias operacionais

c) Insatisfação dos clientes

d) Instabilidade laboral

e) Obsolescência dos produtos

8. A expansão através da orientação garante que as empresas agro-industriais:

a) Reduzir a sua base de clientes

b) Criar parcerias e redes a longo prazo

c) Concentrar-se apenas nos mercados locais

d) Evitar a inovação

e) Reduzir o empenhamento dos trabalhadores

9. A tutoria ajuda as empresas agro-industriais a ultrapassar desafios relacionados com:

a) Planeamento financeiro deficiente

b) Crescimento excessivo

c) Inovação

d) Falha de marketing

e) Estagnação das empresas

10. Que fator determina o sucesso da expansão do agronegócio através da orientação?

a) Falta de acesso ao financiamento

b) Orientação inadequada de mentores

c) Aplicação efectiva dos conselhos de tutoria

d) Diminuição da procura no mercado

e) Falta de oportunidades de trabalho em rede

8.6 Ler mais

Fundação Kauffman. (2015). A Importância da Mentoria no Empreendedorismo.

Fundação Kauffman.

Bock, A. J., et al. (2018). O papel da mentoria na facilitação do empreendedorismo. Journal of Small Business Management, 56(4), 567-588.

Capítulo 9: Capacitação das mulheres e dos jovens através da tutoria no sector agroindustrial

"A agricultura não é um plano de recurso; é um empreendimento comercial estratégico. A tutoria é crucial para ajudar os jovens empresários agrícolas a criar empreendimentos rentáveis e sustentáveis."

Dra. Judith Obatusin *(Consultora agroindustrial)*

9.1 Capacitar as mulheres através da tutoria: A história de Adesokan Ramat e da empresa Milkaz Farms

Em 2021, no coração de Ilorin, no Estado de Kwara, o ar fervilhava com os sons da ambição e da determinação, à medida que o sol se erguia sobre a movimentada comunidade. Ao leme da Milkaz Farms Enterprise estava o Diretor Geral Adesokan Ramat, um líder visionário apaixonado por capacitar as mulheres através do agronegócio. Com a missão de criar oportunidades para as mulheres jovens da comunidade, Adesokan embarcou numa viagem transformadora que iria mudar vidas.

Adesokan há muito que reconhecia os desafios enfrentados pelas mulheres na região - acesso limitado à educação, recursos e oportunidades. Ela acreditava que a avicultura poderia ser uma fonte de rendimento sustentável, permitindo que estas mulheres sustentassem as suas famílias e contribuíssem para as suas comunidades. Com esta visão em mente, concebeu um programa de formação abrangente destinado a fornecer as competências necessárias e o apoio financeiro para que as jovens se tornassem avicultoras e retalhistas de sucesso. O programa arrancou com um workshop intensivo que atraiu mais de 38 participantes ansiosos. Cada mulher trouxe a sua história, sonhos e aspirações únicos, mas todas partilharam um objetivo comum: construir um futuro melhor para si próprias e para as suas famílias. Ramat, com a sua vasta experiência no sector do agronegócio, encarregou-se de liderar as sessões de formação.

Ao longo do programa, abordou tópicos essenciais, incluindo gestão de aves, planeamento de negócios e estratégias de marketing. Ramat não era apenas uma formadora; era uma mentora que encorajava o diálogo aberto, fomentava um sentido de comunidade e partilhava as suas experiências pessoais no sector do agronegócio. Ela incutiu confiança em cada participante, enfatizando que eles poderiam superar quaisquer desafios que enfrentassem.

Um dos principais aspectos da formação foi a experiência prática. Ela organizou visitas à quinta, onde os participantes aprenderam sobre cuidados com os pintos, rotinas de alimentação e gestão de doenças. Tiveram a oportunidade de interagir com aves vivas, o que lhes permitiu adquirir competências práticas que seriam inestimáveis nos seus futuros empreendimentos.

Com o passar das semanas, a transformação das jovens era palpável. Muitas começaram a imaginar-se como avicultoras de sucesso, enquanto outras viram o potencial para se tornarem retalhistas, vendendo ovos e carne nas suas comunidades. A orientação de Ramat foi para além da sala de aula; encorajou-as a estabelecer objectivos pessoais e a desenvolver planos de negócios adaptados aos seus pontos fortes individuais.

Reconhecendo que os constrangimentos financeiros poderiam impedir o seu progresso, a Adesokan Ramat assegurou financiamento para apoiar estes aspirantes a empresários. Foi concedido a cada participante um fundo de arranque, que lhes permitiu comprar pintos, ração e o equipamento necessário para iniciarem o seu percurso na avicultura. O apoio financeiro foi um divisor de águas, fornecendo os meios para que estas mulheres pudessem dar o pontapé de saída nos seus negócios. Uma das participantes, a Sra. Aisha, sempre sonhou em ter a sua própria quinta. Graças à orientação de Ramat e aos fundos que recebeu, a Sra. Aisha conseguiu criar uma pequena exploração avícola. Em poucos meses, estava não só a vender ovos, mas também a fornecer os seus produtos aos mercados locais. O seu sucesso inspirou outros participantes no programa, criando um efeito de onda de motivação e determinação.

Ramat compreendeu que a orientação não era um evento único; era um processo contínuo. Para fomentar um sentido de comunidade entre as participantes, criou uma rede de apoio onde as mulheres podiam partilhar as suas experiências, desafios e êxitos. Foram organizadas reuniões mensais, que lhes permitiram estabelecer contactos, trocar ideias e celebrar os êxitos umas das outras.

Com o passar dos meses, o impacto do programa tornou-se evidente. As 38 jovens, outrora inseguras quanto ao seu potencial, tinham-se tornado empresárias confiantes, com o poder de mudar as suas vidas. A crença inabalável de Ramat nas suas capacidades tinha alimentado o seu crescimento, e elas estavam a prosperar nos seus novos papéis. No final de 2021, os frutos do trabalho de Ramat eram visíveis em Ilorin. A comunidade fervilhava com os sons do sucesso, pois as mulheres que outrora tinham lutado para encontrar o seu lugar no mundo eram agora orgulhosas criadoras de aves e retalhistas. As suas empresas contribuíam não só para a subsistência das suas famílias, mas também para a economia local.

A orientação de Adesokan Ramat lançou as sementes da capacitação, da resiliência e do empreendedorismo. As jovens, outrora dependentes de outros para obter apoio, transformaram-se em modelos para as gerações futuras. Inspiraram outras pessoas na sua comunidade, provando que, com a orientação e os recursos certos, qualquer pessoa pode ultrapassar as suas circunstâncias. Ao refletir sobre esta incrível jornada, estou grato pela dedicação de Adesokan Ramat em elevar as mulheres através do agronegócio. A sua liderança e empenho na orientação não só mudou a vida destas 38 jovens, como também criou um legado duradouro em Ilorin - uma prova do poder de acreditar no potencial de cada um e do profundo impacto da orientação no mundo do agronegócio.

9.2 Capacitação através de tutoria em agronegócios

As mulheres e os jovens são impulsionadores cruciais do futuro do agronegócio, e a orientação pode ser uma força transformadora para os capacitar a alcançar o sucesso no sector. Através de programas de mentoria personalizados, ambos os grupos adquirem as competências, a confiança e as redes necessárias para prosperar no agronegócio, ao mesmo tempo que abordam questões como a desigualdade de género e o desemprego entre os jovens. Este capítulo analisa a forma como a orientação no sector do agronegócio capacita as mulheres e os jovens, centrando-se nos desafios únicos que enfrentam e nas oportunidades disponíveis para o seu crescimento e desenvolvimento.

9.3 Foco especial nas mulheres do agronegócio

Historicamente, as mulheres têm estado sub-representadas no sector agroalimentar, apesar de desempenharem papéis importantes na produção de alimentos e nas economias rurais. A tutoria serve como uma ferramenta para colmatar esta lacuna, fornecendo às mulheres os conhecimentos, as competências e o apoio necessários para ultrapassar os desafios que enfrentam no sector, tais como

i. Abordar a desigualdade de género: As mulheres no sector do agronegócio enfrentam frequentemente desafios específicos do género, como o acesso limitado à terra, ao crédito e aos mercados. Os programas de tutoria ajudam a ultrapassar estas barreiras, fornecendo às mulheres orientação personalizada sobre a obtenção de recursos, a negociação de melhores negócios e a criação de redes de negócios fortes. Os mentores também servem de modelo, mostrando às mulheres que também elas podem alcançar posições de liderança e sucesso empresarial no sector do agronegócio.

ii. Reforço de capacidades e desenvolvimento de competências: A tutoria dota as mulheres de competências técnicas, de gestão e de liderança que são essenciais para gerir empresas agrícolas de sucesso. Desde a melhoria da literacia financeira até à aprendizagem de práticas agrícolas avançadas, as mulheres acompanhadas ficam habilitadas a assumir o controlo das suas empresas e a aumentar a produtividade. A tutoria também aumenta a confiança das mulheres, permitindo-lhes assumir projectos maiores, investir nos seus negócios e defender-se em espaços tradicionalmente dominados pelos homens.

iii. Capacitação económica e independência: Ao orientar as mulheres no sector agroindustrial, programas como a Iniciativa de Apoio às Mulheres Avícolas ajudam-nas a gerar rendimentos, a tornarem-se financeiramente independentes e a tirar as suas famílias da pobreza. Esta capacitação económica estende-se para além do indivíduo, criando um efeito de cascata nas comunidades, onde as mulheres empresárias se tornam agentes de mudança, contribuindo para o desenvolvimento rural, a segurança alimentar e a redução da pobreza.

iv. Equilíbrio entre o agronegócio e a vida familiar: Muitas mulheres enfrentam o desafio de equilibrar as responsabilidades do agronegócio com os cuidados familiares. Os mentores fornecem orientação sobre gestão do tempo, delegação e operações comerciais eficientes que permitem às mulheres alcançar um equilíbrio entre a vida profissional e a vida familiar, continuando a fazer crescer as suas empresas.

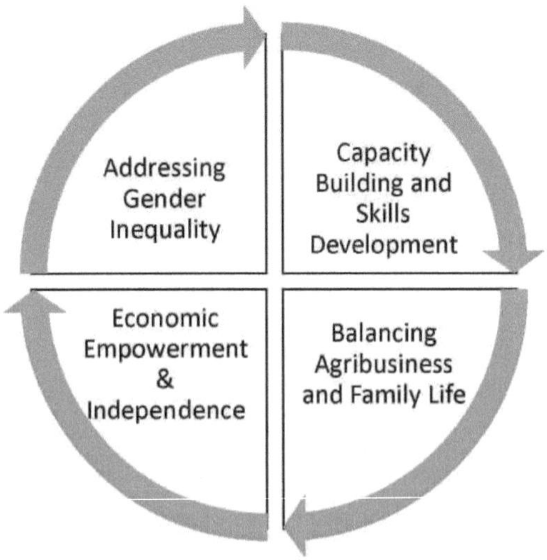

Figura 9.1: Mulheres em foco no agronegócio

9.4 Mentoria para a próxima geração de empresários agrícolas

O envolvimento dos jovens na agricultura é fundamental para o futuro da segurança alimentar e do desenvolvimento sustentável. Com a orientação certa, os jovens podem entrar no sector do agronegócio, tirar partido das novas tecnologias e trazer novas perspectivas que impulsionam a inovação. A orientação no sector do agronegócio está numa posição única para desbloquear o potencial dos jovens, proporcionando-lhes as competências, as oportunidades e a confiança necessárias para serem bem sucedidos como empresários agrícolas.

Inspirar uma nova geração de empresários agrícolas: Os programas de mentoria ajudam a revalorizar o agronegócio como uma carreira viável e lucrativa para os jovens, desafiando as percepções ultrapassadas de que a agricultura é um campo de baixo estatuto ou pouco rentável. Ao conectar os jovens com empresários agrícolas de sucesso, os mentores servem como fontes de inspiração, mostrando que o agronegócio pode oferecer carreiras gratificantes e contribuir para o desenvolvimento da comunidade.

Inovação liderada por jovens e adoção de tecnologias: Os jovens estão frequentemente mais abertos à adoção de novas tecnologias e práticas inovadoras no agronegócio. A tutoria incentiva esta mentalidade ao expor os jovens a soluções AgriTech de ponta, como drones, agricultura de precisão e plataformas digitais. Esta integração de tecnologia aumenta a produtividade, a eficiência e a sustentabilidade dos seus empreendimentos agro-industriais. Os jovens empresários agrícolas também trazem novas ideias para a mesa, que os mentores ajudam a aperfeiçoar e implementar.

Mentalidade empreendedora e capacidade empresarial: A orientação em matéria de agroindústria proporciona aos jovens competências empresariais essenciais, como a gestão financeira, o marketing e o planeamento estratégico. Estas competências são fundamentais para o lançamento e a expansão de empresas agro-industriais de sucesso. Os mentores orientam os jovens empresários agrícolas no desenvolvimento de planos de negócios, na identificação de oportunidades de mercado e na obtenção de financiamento. Este apoio prático dá aos jovens a confiança e os conhecimentos de que necessitam para transformar ideias em negócios rentáveis.

Combater o desemprego juvenil: Em países como a Nigéria, onde o desemprego juvenil é um desafio significativo, a orientação pode ajudar os jovens a entrar no sector do agronegócio como empresários e não como candidatos a emprego. Através de iniciativas como o Sustainable Agribusiness Millionaires Bootcamp, a orientação fornece aos jovens empresários agrícolas as ferramentas de que necessitam para criar empresas que criem emprego, contribuam para a segurança alimentar e impulsionem o crescimento económico.

Desenvolver a resiliência e a perseverança: O processo de mentoria ajuda os jovens a enfrentar os desafios inerentes à criação e gestão de uma empresa. Os mentores incutem resiliência, ensinando aos jovens empresários agrícolas como lidar com contratempos, gerir riscos e adaptar-se às mudanças no mercado. Esta orientação é inestimável para ajudar os jovens a desenvolver a perseverança necessária para ter sucesso no competitivo sector do agronegócio. A orientação em agronegócios capacita a próxima geração de empresários agrícolas a abraçar a agricultura como uma carreira viável, impulsionar a inovação e contribuir para a modernização do sector. Estes esforços também abordam a questão premente do desemprego dos jovens, ao mesmo tempo que promovem o crescimento económico e a segurança alimentar.

Em conclusão, ao centrarem-se no empoderamento das mulheres e dos jovens, os programas de mentoria do agronegócio contribuem significativamente para a igualdade de género, a redução da pobreza e a revitalização do sector agrícola. Através de esforços de orientação direcionados, ambos os grupos podem aproveitar o seu potencial para construir agronegócios bem-sucedidos e sustentáveis que contribuam para as suas comunidades e para a economia em geral.

9.5 Avaliação

1. Porque é que a orientação é crucial para as mulheres no sector do agronegócio?

a) Limita as suas oportunidades

b) Ajuda a quebrar barreiras e a melhorar o acesso aos recursos

c) Desincentiva a inovação

d) Aumenta a sua dependência dos homens

e) Reduz o seu potencial de mercado

2. A orientação de jovens no sector agroindustrial centra-se em:

a) Limitar o espírito empresarial

b) Desenvolver competências empresariais e de liderança para a próxima geração

c) Reduzir a inovação

d) Diminuição do envolvimento com as novas tecnologias

e) Diminuição das operações comerciais

3. A tutoria ajuda as mulheres empresárias:

a) Aumento da concorrência

b) Limitar o acesso ao financiamento

c) Fornecer orientação e recursos para o crescimento das empresas

d) Diminuição da inovação

e) Restringir o seu alcance comercial

4. Qual é o desafio enfrentado pelos jovens no agronegócio sem orientação?

a) Acesso a programas de formação

b) Forte apoio financeiro

c) Falta de perspicácia empresarial e de capacidade de liderança

d) Elevada procura no mercado

e) Fortes redes de mentores

5. Os programas de tutoria para mulheres e jovens no sector do agronegócio devem centrar-se nos seguintes aspectos

a) Limitar a sua participação no sector

b) Melhorar as suas competências e proporcionar-lhes acesso ao mercado

c) Reduzir o apoio governamental

d) Criar barreiras adicionais à entrada no mercado

e) Redução da capacidade de produção

6. Qual é o resultado comum de uma tutoria eficaz para jovens empresários agrícolas?

a) Insucesso empresarial

b) Aumento do desemprego

c) Sucesso e expansão no sector agroalimentar

d) Redução da inovação

e) Retirada do mercado

7. A tutoria capacita as mulheres no sector do agronegócio:

a) Reduzir os seus papéis

b) Incentivar a autossuficiência e o crescimento

c) Limitação das oportunidades de financiamento

d) Restrição do acesso aos mercados

e) Promoção de métodos desactualizados

8. Qual das seguintes opções é essencial para capacitar os jovens através da tutoria?

a) Reduzir a literacia digital

b) Desenvolvimento de competências de empreendedorismo e inovação

c) Limitação dos papéis de liderança

d) Desincentivar a colaboração

e) Aumentar os obstáculos ao sucesso

9. Que desafios enfrentam as mulheres empresárias sem orientação?

a) Falta de concorrência

b) Acesso fácil a recursos financeiros

c) Dificuldade em expandir as suas actividades

d) Maior visibilidade no mercado

e) Inovação constante

10. Os programas de mentoria eficazes para mulheres e jovens centram-se em:

a) Redução das oportunidades de orientação

b) Expandir as oportunidades de inovação e crescimento

c) Limitar o acesso às novas tecnologias

d) Reduzir o alcance do mercado

e) Diminuição da rendibilidade

9.6 Ler mais

FAO. (2011). O Estado da Alimentação e da Agricultura 2010-2011: Mulheres na Agricultura. Organização das Nações Unidas para a Alimentação e a Agricultura.

Buvinic, M., & O'Donnell, M. (2016). Género e empoderamento dos jovens no agronegócio. Revista de Estudos de Género, 25(5), 555-570.

Capítulo 10: Criar programas de tutoria com impacto

"A agricultura é a solução definitiva para o desemprego dos jovens na Nigéria. Através da orientação e do desenvolvimento de competências, podemos cultivar uma nova geração de empresários agrícolas." **Prof. Gbolagade Ayoola** (economista agrícola)

10.1 O efeito multiplicador da tutoria na agricultura nigeriana

No coração da paisagem agrícola da Nigéria, estava a desenrolar-se uma revolução silenciosa. Enquanto o sol se erguia sobre os campos verdejantes do Estado de Kwara, uma nova geração de empresários agrícolas estava a emergir, graças aos impactantes programas de orientação concebidos para transformar o sector agrícola.

Um desses programas foi iniciado pelo Milkaz Agribusiness Mentorship Scheme (MAMS), um esforço de colaboração entre agricultores experientes, especialistas em agronegócio e líderes comunitários. O esquema visava equipar os jovens nigerianos com as competências e conhecimentos necessários para prosperar na agricultura, um sector vital para a economia do país.

Em 2020, quando a Nigéria enfrentava os desafios duplos do desemprego juvenil e da insegurança alimentar, a MAMS avançou para criar uma solução. O programa procurou orientar 10.000 jovens nigerianos ao longo de cinco anos, concentrando-se em fornecer formação prática, acesso a recursos e estratégias de desenvolvimento empresarial. Sendo a agricultura uma pedra angular da economia da Nigéria, a iniciativa reconheceu a necessidade de capacitar os jovens que representavam o futuro deste sector essencial.

O programa de orientação começou com uma série de workshops realizados em vários estados, incluindo Kwara, Osun e Oyo. Cada workshop atraiu participantes entusiastas - homens e mulheres jovens ansiosos por aprender sobre produção de culturas, gestão de gado e estratégias de agro-negócio.

Entre os mentorados encontrava-se Amina, de 22 anos, uma licenciada que sempre sonhou em iniciar a sua própria exploração agrícola. No entanto, sem orientação, sentia-se perdida ao navegar pelas complexidades do agronegócio. Quando Amina se juntou à AMS, foi emparelhada com uma mentora chamada Sra. Hauwa, uma agricultora experiente com mais de 15 anos de experiência.

Sob a orientação da Sra. Hauwa, Amina aprendeu os fundamentos da agricultura biológica, estratégias de marketing e gestão financeira. A formação prática que recebeu foi inestimável, ajudando-a a desenvolver competências práticas que a iriam distinguir no competitivo panorama agrícola.

Em 2023, os resultados do programa de tutoria eram evidentes. O MAMS tinha orientado com sucesso mais de 15 000 jovens nigerianos, ultrapassando o seu objetivo inicial. As estatísticas eram muito reveladoras:

- 80% dos mentorados relataram um aumento da confiança nas suas capacidades agrícolas.
- 65% dos participantes lançaram as suas próprias empresas agro-industriais no prazo de um ano após a conclusão do programa.
- 50% declararam ter melhorado o rendimento através de melhores práticas agrícolas e do acesso a novos mercados.

As histórias de sucesso começaram a surgir à medida que jovens empresários agrícolas como Amina floresciam. A quinta de legumes biológicos de Amina tornou-se uma sensação local, fornecendo produtos frescos aos mercados e restaurantes de Ilorin. No espaço de dois anos, Amina expandiu as suas operações e empregou cinco outras jovens da sua comunidade, criando assim um efeito de onda de capacitação.

À medida que o programa de orientação continuou a crescer, o seu impacto fez-se sentir para além das histórias de sucesso individuais. As comunidades locais começaram a prosperar, com o aumento da produtividade agrícola a conduzir a uma maior segurança alimentar. Em zonas que anteriormente se debatiam com a fome, as famílias tinham agora acesso a produtos frescos, melhorando a sua saúde e bem-estar geral.

O programa também promoveu uma cultura de colaboração entre os jovens agricultores. Os mentorados formaram cooperativas, partilhando recursos, conhecimentos e acesso ao mercado. Esta união não só fortaleceu os seus negócios, como também ampliou as suas vozes na defesa de melhores políticas e apoio do governo.

O sucesso do MAMS inspirou outras regiões a adoptarem iniciativas de orientação semelhantes, expandindo ainda mais a rede de apoio a jovens empresários agrícolas em toda a Nigéria. As agências governamentais e as ONG começaram a reconhecer a importância da orientação na promoção do crescimento e da sustentabilidade agrícolas.

Reflectindo sobre o seu percurso, Amina partilhava frequentemente as suas experiências com os novos mentorados, encarnando o espírito de mentoria que outrora transformara a sua vida. "Não sou apenas uma agricultora", dizia ela, "faço parte de um movimento que acredita no potencial dos jovens para mudar a paisagem agrícola da Nigéria".

À medida que o sol se punha sobre os campos, lançando um brilho dourado sobre o trabalho árduo e a dedicação destes jovens agricultores, era evidente que o impacto do programa de mentoria tinha posto em marcha uma onda transformadora, capacitando os jovens da Nigéria e assegurando um futuro mais brilhante para a agricultura no país.

10.2 Transformação de vida através de programas de tutoria

Os programas de tutoria têm o potencial de transformar os agronegócios, capacitando os indivíduos com o conhecimento, as habilidades e a orientação necessários para o sucesso. No entanto, para alcançar este impacto, estes programas devem ser cuidadosamente concebidos, implementados e continuamente melhorados. Este capítulo descreve as melhores práticas para a criação e gestão de programas bem sucedidos de mentoria no agronegócio, juntamente com estratégias de monitorização e avaliação contínuas para garantir a eficácia e a relevância do programa.

10.3 Diretrizes para a criação de programas de tutoria no sector agroindustrial

A criação de um programa de mentoria com impacto requer um planeamento cuidadoso e uma visão clara. Esta secção fornece orientações passo a passo para a criação de programas eficazes de mentoria no agronegócio, desde a fase inicial de conceção até ao lançamento.

Identificar a missão e os objectivos do programa: Comece por definir o objetivo do programa de mentoria e identificar os resultados específicos que pretende alcançar. Por exemplo, o programa pode centrar-se no reforço das competências empresariais, na melhoria dos conhecimentos técnicos agrícolas, no aumento da produtividade ou na expansão do acesso aos mercados. A articulação clara destes objectivos ajuda a orientar todos os aspectos da conceção do programa e assegura o alinhamento com as expectativas das partes interessadas.

Definição dos participantes-alvo: Identifique os grupos que pretende servir através do programa de mentoria. Isso pode incluir jovens empresários agrícolas, mulheres agricultoras, líderes experientes do agronegócio ou outros grupos dentro da cadeia de valor agrícola. Adaptar o programa para satisfazer as necessidades específicas de cada grupo-alvo aumenta a sua relevância e eficácia. Definir os critérios de elegibilidade para mentores e mentorados, assegurando que têm os antecedentes, as competências e o empenho adequados para serem bem sucedidos no processo de mentoria.

Recrutamento e correspondência entre mentores e mentorandos: Um fator chave para o sucesso de qualquer programa de mentoria é a qualidade das relações entre mentores e mentorados. Desenvolva uma estratégia de recrutamento que atraia mentores experientes com uma paixão por ajudar os outros. Faça uma seleção cuidadosa e combine mentores e mentorandos com base nos seus objectivos, conhecimentos e personalidades para promover relações fortes e produtivas. Fornecer orientações sobre as expectativas de ambas as partes garantirá a clareza dos papéis e promoverá um ambiente de orientação positivo.

Estruturação do programa: Definir a estrutura do programa, incluindo a frequência das reuniões de tutoria, a duração das relações de tutoria e as áreas de enfoque. Oferecer flexibilidade no programa para acomodar as necessidades únicas e os horários dos participantes, mantendo uma estrutura clara que garanta o progresso. Estabelecer diretrizes para a comunicação, elaboração de relatórios e feedback, assegurando que tanto os mentores como os mentorandos são responsáveis e estão empenhados.

Incorporação de componentes de formação e desenvolvimento: Para além da orientação individual, incluir workshops, webinars, visitas de campo e formação prática para complementar a experiência de orientação. Isto ajuda os mentorados a desenvolver as competências práticas de que necessitam, ao mesmo tempo que promove uma comunidade de aprendizagem entre os participantes. As sessões de formação devem abordar tópicos técnicos do agronegócio (por exemplo, gestão de culturas, literacia financeira) e competências de desenvolvimento pessoal (por exemplo, liderança, resiliência).

Criar redes de apoio: Incentivar os mentores e os mentorandos a formarem redes e comunidades onde possam partilhar experiências, conselhos e recursos. As oportunidades de aprendizagem entre pares, as discussões em grupo e os eventos ajudam a reforçar estas ligações, criando um ambiente mais robusto e de apoio para os mentorandos.

10.4 Monitorização, avaliação e melhoria contínua

Um programa de tutoria bem sucedido é dinâmico e reage ao feedback. A monitorização e a avaliação (M&A) desempenham um papel crucial na avaliação da eficácia do programa, identificando áreas a melhorar e fazendo os ajustes necessários para garantir um impacto sustentado.

Definição de indicadores-chave de desempenho (KPIs): Estabelecer KPIs claros para medir o sucesso do programa de mentoria. Estes podem incluir métricas como o número de pares de mentores formados, a taxa de sucesso dos mentorados (por exemplo, crescimento do negócio, criação de emprego) e a satisfação dos participantes. Os KPIs devem refletir os objectivos do programa e ajudar a acompanhar os resultados a curto e a longo prazo.

Recolha de dados e feedback: Recolher regularmente dados e feedback dos mentores e dos mentorandos através de inquéritos, entrevistas e relatórios de progresso. Isto irá fornecer informações sobre como os participantes estão a beneficiar do programa, os desafios que enfrentam e as áreas que precisam de ser melhoradas. Utilize dados quantitativos (por exemplo, métricas de desempenho empresarial) e feedback qualitativo (por exemplo, experiências pessoais e testemunhos) para obter uma compreensão abrangente do impacto do programa.

Avaliação dos resultados do programa: Avaliar o desempenho do programa com base nos dados recolhidos. Os mentorados estão a atingir os seus objectivos? Os mentores estão satisfeitos com as suas contribuições? O programa está a cumprir os seus objectivos mais amplos, como a promoção de práticas sustentáveis de agronegócio ou o aumento do acesso aos mercados? Esta avaliação ajudará a avaliar o impacto global do programa e a identificar quaisquer lacunas ou problemas que precisem de ser resolvidos.

Adaptar e melhorar o programa: A melhoria contínua é essencial para o sucesso a longo prazo do programa de tutoria. Utilize os conhecimentos obtidos a partir da monitorização e avaliação para fazer ajustes informados. Isto pode incluir o aperfeiçoamento do processo de correspondência entre o mentor e o mentorando, a oferta de recursos ou formação adicionais, ou o ajuste da estrutura do programa para melhor satisfazer as necessidades dos participantes. A atualização regular do programa garante que este se mantém relevante e eficaz num ambiente agroindustrial em mudança.

Celebrar os sucessos e reconhecer os participantes: Celebrar os sucessos dos mentores e dos mentorandos para manter o entusiasmo e encorajar a participação contínua. Destaque as histórias de sucesso em boletins informativos, eventos ou mesmo através de prémios. Este reconhecimento não só aumenta o moral, como também ajuda a atrair novos participantes e promove o impacto do programa na comunidade em geral.

10.5 Avaliação

1. Qual é o primeiro passo para criar um programa de mentoria com impacto?

a) Identificação dos financiadores

b) Estabelecer metas e objectivos claros

c) Comercialização do programa

d) Reduzir o número de mentorados

e) Limitar o feedback

2. Qual das seguintes opções é uma componente essencial de um programa de tutoria bem sucedido?

a) Evitar a comunicação

b) Estruturas e diretrizes de orientação claras

c) Limitar o envolvimento do mentor

d) Reduzir os canais de feedback

e) Eliminação dos indicadores de desempenho

3. O acompanhamento do programa de tutoria deve centrar-se nos seguintes aspectos

a) Reduzir a participação dos mentores

b) Medir o impacto e o progresso dos mentorados

c) Limitação dos métodos de avaliação

d) Diminuição da afetação de recursos

e) Aumentar a rotação dos mentores

4. A melhoria contínua dos programas de tutoria envolve:

a) Ignorar o feedback do mentor

b) Avaliar e ajustar regularmente as estratégias do programa

c) Reduzir a comunicação entre mentores e mentorandos

d) Eliminação dos processos de avaliação

e) Limitar o envolvimento do mentorando

5. Um programa de mentoria com impacto deve:

a) Concentrar-se apenas no sucesso a curto prazo

b) Fomentar o crescimento e o desenvolvimento a longo prazo

c) Evitar parcerias

d) Limitar a diversidade dos mentorados

e) Reduzir a integração tecnológica

6. Qual das seguintes opções é um sinal de sucesso em programas de mentoria

a) Diminuição da retenção de mentorados

b) Melhoria do desempenho e da satisfação do mentorando

c) Falta de comunicação

d) Aumento da rotação dos mentores

e) Impacto limitado na comunidade

7. Um programa de tutoria bem sucedido requer:

a) Má gestão dos recursos

b) Correspondência efectiva entre mentores e mentorados

c) Eliminar os ciclos de feedback

d) Limitar a definição de objectivos

e) Ignorar a opinião do mentorando

8. Que papel desempenha a avaliação nos programas de tutoria?

a) Reduz a interação entre o mentor e o mentorando

b) Limita o âmbito do programa

c) Assegura a melhoria contínua e o sucesso

d) Impede a definição de objectivos

e) Reduz a responsabilidade

9. O sucesso do programa de tutoria é medido por:

a) Redução do empenhamento

b) Atingir os objectivos estabelecidos e o crescimento dos mentorados

c) Ignorar o controlo do progresso

d) Limitar o envolvimento do mentor

e) Evitar parcerias

10. Para que um programa de tutoria seja sustentável, deve:

a) Limitar o número de participantes

b) Foco na construção de relações de longo prazo entre mentor e mentorado

c) Evitar os avanços tecnológicos

d) Eliminar os processos de avaliação

e) Reduzir o financiamento do programa

10.6 Ler mais

Kram, K. E. (1985). Mentoring at Work: Developmental Relationships in Organizational Life. Scott, Foresman & Co.

Shapiro, S. D. (2010). Establishing Effective Mentorship Programs [Estabelecendo Programas Eficazes de Mentoria]. The Mentor, 3(2), 34-50.

Capítulo 11: O futuro da tutoria no sector agroalimentar

"A agricultura é a força vital da economia da Nigéria. Temos de aproveitar o poder da orientação para criar legados duradouros para as gerações futuras."
***Sra. Stella Okoli** (Fundadora, Emzor Pharmaceutical)*

11.1 Continuação da tutoria em agronegócios

À medida que o agronegócio continua a evoluir, o mesmo acontece com as abordagens à orientação no sector. O futuro da orientação no agronegócio será moldado pelas tendências emergentes, pelos avanços tecnológicos e por uma visão de expansão global. Este capítulo explora estes aspectos, fornecendo informações sobre a forma como a orientação se pode adaptar para satisfazer as necessidades dos futuros empresários agrícolas.

11.2 Tendências emergentes na tutoria do agronegócio

O panorama do agronegócio está a mudar rapidamente, influenciado por factores como as alterações climáticas, a alteração das preferências dos consumidores e os avanços tecnológicos. À medida que estas mudanças ocorrem, os programas de mentoria devem adaptar-se para apoiar as novas gerações de empresários agrícolas.

Foco na sustentabilidade e resiliência: Com a crescente ênfase em práticas sustentáveis na agricultura, os programas de mentoria centrar-se-ão cada vez mais em ensinar aos mentorados como implementar técnicas agrícolas amigas do ambiente e resilientes. Isto inclui a orientação em agricultura biológica, permacultura, agroecologia e práticas regenerativas que dão prioridade à saúde do ecossistema.

Abordagens interdisciplinares: O agronegócio está a tornar-se mais interligado com áreas como a tecnologia, as finanças e a saúde. Os futuros programas de mentoria podem adotar abordagens interdisciplinares que dotem os mentorandos de uma gama mais vasta de competências. Por exemplo, a integração de conhecimentos de análise de dados, gestão da cadeia de abastecimento e comportamento do consumidor pode ajudar os mentorados a navegar em mercados agrícolas complexos de forma mais eficaz. Ênfase no desenvolvimento de competências transversais: Embora as competências técnicas sejam essenciais, a capacidade de comunicar, negociar e liderar será cada vez mais valorizada. Os futuros programas de mentoria irão provavelmente enfatizar o desenvolvimento de competências transversais, ajudando os mentorados a construir relações e a promover a colaboração nas suas comunidades e redes.

Modelos de tutoria centrados na comunidade: Reconhecendo o valor do conhecimento local e do envolvimento da comunidade, os programas de mentoria podem mudar para modelos mais centrados na comunidade. Isto pode implicar a ligação dos mentorandos a mentores locais que compreendam os desafios e oportunidades únicos das suas regiões específicas, promovendo um sentimento de pertença e colaboração.

11.3 O papel da tecnologia e das plataformas digitais

A tecnologia está a remodelar a forma como a orientação é prestada e vivida. A adoção de ferramentas digitais pode melhorar os programas de orientação, tornando-os mais acessíveis e eficazes.

Plataformas de tutoria em linha:

i. As plataformas digitais podem ligar mentores e mentorandos independentemente das barreiras geográficas. Estas plataformas podem facilitar a comunicação, fornecer recursos e acompanhar o progresso. Ao utilizar fóruns em linha, webinars e videoconferências, a orientação pode ocorrer em tempo real, permitindo flexibilidade na programação e no envolvimento.
ii. Insights baseados em dados: A utilização da análise de dados pode ajudar os programas de mentoria a compreender melhor as necessidades e preferências dos participantes. Ao analisar o feedback e os resultados dos participantes, os administradores do programa podem adaptar a experiência de mentoria para maximizar a eficácia e abordar os desafios específicos enfrentados pelos mentorados.

Gamificação e aprendizagem interactiva:

i. A incorporação de elementos de gamificação na mentoria pode tornar a aprendizagem mais cativante. As ferramentas de aprendizagem interactivas, as simulações e os desafios podem motivar os mentorandos a desenvolver as suas competências de uma forma divertida e gratificante, promovendo uma compreensão mais profunda dos conceitos do agronegócio.

ii. Acesso a recursos e redes: A tecnologia pode fornecer aos mentorados acesso a uma grande quantidade de informações e recursos. Bibliotecas online, webinars e cursos digitais podem complementar a orientação tradicional e oferecer aos mentorados oportunidades de aprender com especialistas do sector e empresários agrícolas de sucesso.

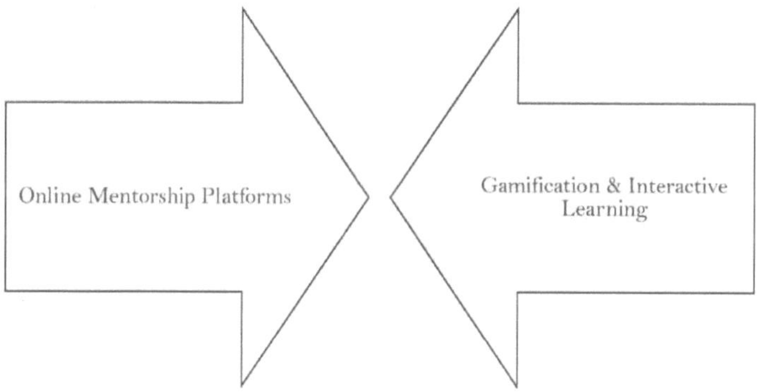

Figura 11.1: Tecnologia e plataformas digitais

11.4 Visão para expandir a tutoria no agronegócio a nível mundial

À medida que a orientação no domínio do agronegócio continua a evoluir, existe uma visão para a sua expansão à escala global, ligando empresários agrícolas e mentores além-fronteiras.

i. Redes globais de mentores: O estabelecimento de redes internacionais de mentores pode facilitar a partilha de conhecimentos e a colaboração entre empresários agrícolas de diversas origens. Estas redes podem ajudar os participantes a aprender com as experiências e as melhores práticas uns dos outros, promovendo uma comunidade global de pensadores inovadores.
ii. Intercâmbio cultural e diversidade: A expansão dos programas de mentoria a nível global oferece a oportunidade de abraçar a diversidade cultural e promover a aprendizagem intercultural. Os mentores e os mentorados podem partilhar perspectivas e abordagens únicas do agronegócio, enriquecendo a experiência global de mentoria e promovendo a compreensão mútua.
iii. Parcerias com organizações globais: A colaboração com organizações agrícolas

internacionais, ONGs e instituições educacionais pode aumentar o alcance e o impacto dos programas de mentoria. Essas parcerias podem fornecer recursos adicionais, materiais de treinamento e oportunidades de networking para os participantes, fortalecendo ainda mais os mentorados em suas jornadas de agronegócios.

iv. Defesa de apoio político: À medida que a procura de mentoria no agronegócio cresce, a defesa de políticas de apoio e financiamento por parte de governos e organizações será crucial. Isso pode ajudar a garantir que os programas de mentoria sejam sustentáveis e acessíveis para aqueles que mais precisam deles, particularmente nas regiões em desenvolvimento.

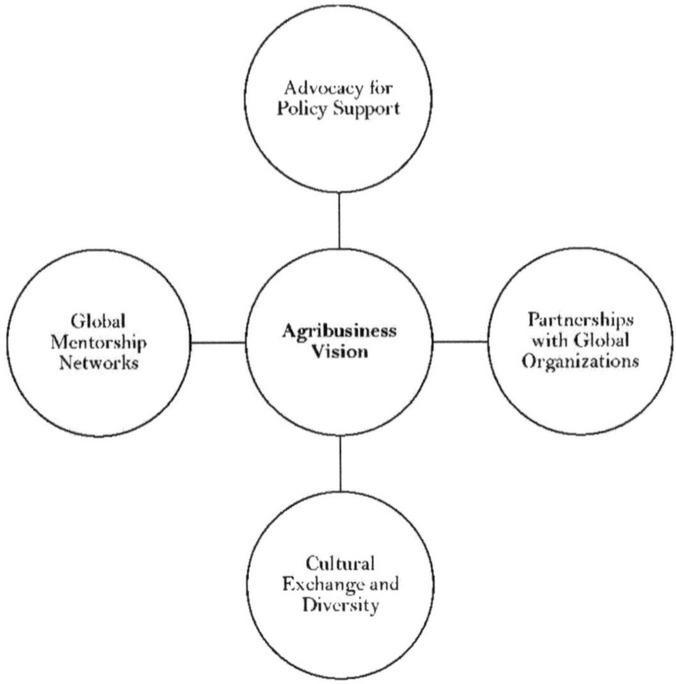

Figura 11.2: Visão para expandir a tutoria no agronegócio a nível mundial

11.5 Avaliação

1. Qual das seguintes opções melhor descreve um ecossistema agroindustrial?

a) Uma prática agrícola isolada

b) Uma rede de actores interligados envolvidos na cadeia de valor agrícola

c) Uma única empresa que controla toda a cadeia de valor

d) Um grupo de agricultores que trabalham de forma independente

e) Um conjunto de empresas em sectores não relacionados

2. Qual é o principal componente de um ecossistema agroindustrial de sucesso?

a) Falta de colaboração entre as partes interessadas

b) Fortes parcerias e ligações na cadeia de valor

c) Acesso reduzido ao mercado

d) Isolamento dos agricultores em relação a outras empresas

e) Baixo investimento em tecnologia

3. Qual das seguintes opções é um exemplo de desenvolvimento da cadeia de valor no sector agroalimentar?

a) Os agricultores centram-se apenas na produção vegetal

b) Desenvolvimento de redes para melhorar o fornecimento de factores de produção, a produção, a transformação e a comercialização

c) Ignorar os avanços tecnológicos

d) Reduzir a inovação

e) Restringir o acesso ao mercado

4. Como é que a tecnologia pode contribuir para o desenvolvimento da cadeia de valor?

a) Ao abrandar a produção

b) Melhorando a eficiência e o acesso aos mercados

c) Aumentando os custos operacionais

d) Reduzindo a qualidade dos produtos

e) Ao limitar o acesso ao mercado

5. Um dos principais desafios para o desenvolvimento do ecossistema do agronegócio é:

a) Colaboração limitada entre os principais actores

b) Parcerias sólidas

c) Elevado investimento em infra-estruturas

d) Estratégias de marketing inovadoras

e) Aumento da procura por parte dos clientes

6. O sucesso do desenvolvimento da cadeia de valor depende de:

a) Reduzir a colaboração

b) Reforçar as ligações entre os diferentes segmentos da cadeia

c) Evitar parcerias

d) Limitar a adoção de tecnologias

e) Reduzir o financiamento da inovação

7. O desenvolvimento da cadeia de valor conduz a:

a) Diminuição da rendibilidade

b) Maior eficiência e acesso a novos mercados

c) Oportunidades de crescimento limitadas

d) Produtos de má qualidade

e) Redução do acesso ao capital

8. Que papel desempenham as instituições financeiras num ecossistema agroindustrial?

a) Proporcionar empréstimos e oportunidades de financiamento para o crescimento das empresas

b) Reduzir o acesso ao crédito

c) Limitação dos recursos financeiros

d) Desincentivar a expansão do mercado

e) Eliminar a inovação

9. Um ecossistema agroindustrial sustentável garante:

a) Redução da colaboração entre as partes interessadas

b) Parcerias a longo prazo e impacto na comunidade

c) Diminuição do investimento em tecnologia

d) Aumento do número de falências de empresas

e) Má gestão financeira

10. Qual das seguintes opções melhor descreve o objetivo do desenvolvimento da cadeia de valor no agronegócio?

a) Limitação da capacidade de produção

b) Reforço das ligações entre a produção, a transformação e a comercialização para aumentar o valor

c) Isolamento de diferentes segmentos da cadeia de valor

d) Reduzir a satisfação do cliente

e) Evitar parcerias com outras partes interessadas

11.6 Leitura adicional

Agri-Food Canada. (2020). O futuro do agronegócio: Tendências e inovações. Publicações do Governo do Canadá.

Christou, M. (2021). Tendências tecnológicas e o futuro da agricultura. Journal of Agricultural Science, 13(2), 1-11.

Conclusão: Apoiar o movimento do agro-empreendedorismo

O sector do agronegócio tem um imenso potencial para o crescimento económico, a segurança alimentar e o desenvolvimento sustentável, particularmente em regiões onde a agricultura é uma parte vital da economia. Como explorámos ao longo deste livro, o Agribusiness Mentorship Scheme desempenha um papel crucial na promoção de uma comunidade vibrante de empresários agrícolas que podem enfrentar os desafios do sector e aproveitar as oportunidades emergentes.

1. O poder da tutoria

Na sua essência, a orientação tem a ver com relações e transferência de conhecimentos. Ao ligar líderes experientes do sector agroalimentar a aspirantes a empresários agrícolas, a orientação cria um ecossistema de apoio onde os indivíduos podem aprender, crescer e inovar. Os conhecimentos e a orientação fornecidos pelos mentores ajudam os mentorados a ganhar confiança, a melhorar as suas competências e a desenvolver soluções práticas para os desafios do mundo real. À medida que o panorama do agronegócio continua a evoluir, a necessidade de programas de mentoria robustos torna-se ainda mais pronunciada.

2. Abraçar a mudança e a inovação

O sector do agronegócio está a mudar rapidamente, impulsionado pelos avanços tecnológicos, pela alteração das preferências dos consumidores e por desafios globais como as alterações climáticas. Para sustentar o movimento de empreendedorismo agrícola, é essencial adotar a inovação e a adaptabilidade. Os programas de tutoria devem evoluir a par destas mudanças, incorporando novas tecnologias, fomentando a criatividade e promovendo práticas sustentáveis. Ao fazê-lo, equiparão a próxima geração de empresários agrícolas com as ferramentas de que necessitam para prosperar num ambiente cada vez mais complexo.

3. Promover a inclusão e a diversidade

Sustentar o movimento do agro-empreendedorismo também requer um compromisso com a inclusão e a diversidade. Capacitar grupos marginalizados, incluindo mulheres e jovens, é fundamental para desbloquear todo o potencial do agronegócio. Os programas de mentoria devem procurar ativamente incluir diversas vozes e perspectivas, criando um ambiente onde todos os participantes se sintam valorizados e apoiados. Esta inclusão não só enriquece a experiência de mentoria, mas também impulsiona a inovação e a resiliência dentro do sector.

4. Criação de redes e parcerias sólidas

A colaboração é fundamental para sustentar o movimento do agro-empreendedorismo. A criação de redes e parcerias fortes entre as partes interessadas, incluindo governos, ONG, instituições de ensino e agentes do sector privado, pode aumentar o alcance e o impacto dos programas de mentoria. Ao trabalharem em conjunto, estas entidades podem partilhar recursos, conhecimentos e melhores práticas, criando, em última análise, um ecossistema mais favorável aos empresários agrícolas.

5. Monitorização e melhoria contínua

Finalmente, a avaliação contínua e o feedback são essenciais para o sucesso a longo prazo dos programas de tutoria. Ao avaliar regularmente a eficácia das suas iniciativas, os administradores do programa podem identificar áreas a melhorar e adaptar-se às necessidades em constante mudança dos participantes. Este empenhamento na melhoria contínua garante que a orientação se mantém relevante e com impacto.

Em conclusão, o Agribusiness Mentorship Scheme é um componente vital do movimento de empreendedorismo agrícola. Aproveitando o poder da tutoria, abraçando a mudança, promovendo a inclusão, construindo redes fortes e comprometendo-se com a melhoria contínua, podemos sustentar e fortalecer este movimento nos próximos anos. Juntos, podemos capacitar a próxima geração de empresários agrícolas para liderar a transformação do sector do agronegócio, impulsionando o crescimento económico e promovendo o desenvolvimento sustentável para todos.

Ler mais

Fórum Económico Mundial. (2022). O futuro da alimentação e da agricultura: Tendências e implicações. Relatórios do Fórum Económico Mundial.

PNUD. (2021). Objectivos de Desenvolvimento Sustentável: Promover o empreendedorismo agrícola para todos. Programa das Nações Unidas para o Desenvolvimento.

RESPOSTAS

Chapter 1

1. E
2. B
3. B
4. C
5. B
6. C
7. B
8. B
9. B
10. D

Chapter 2

1. C
2. B
3. B
4. B
5. C
6. A
7. C
8. A
9. A
10. B

Chapter 3

1. C
2. B
3. B
4. E
5. B
6. A
7. B
8. B
9. B
10. D

Chapter 4

1. B
2. B
3. B
4. B
5. C
6. B
7. B
8. B
9. C
10. B

Chapter 5

1. A
2. B
3. B
4. B
5. D
6. B
7. B
8. B
9. B
10. A

Chapter 6

1. C
2. B
3. B
4. D
5. B
6. B
7. A
8. D
9. B
10. C

Chapter 7

1. B
2. B
3. B
4. C
5. B
6. B
7. B
8. B
9. A
10. B

Chapter 8

1. B
2. C
3. B
4. C
5. B
6. A
7. B
8. B
9. A
10. C

Chapter 9

1. B
2. B
3. C
4. C
5. B
6. C
7. B
8. B
9. C
10. B

Chapter 10

1. B
2. B
3. B
4. B
5. B
6. B
7. B
8. C
9. B
10. B

MIX
Papier aus verantwortungsvollen Quellen
Paper from responsible sources
FSC® C105338

Printed by Books on Demand GmbH, Norderstedt / Germany